不可思议的宇宙奥秘

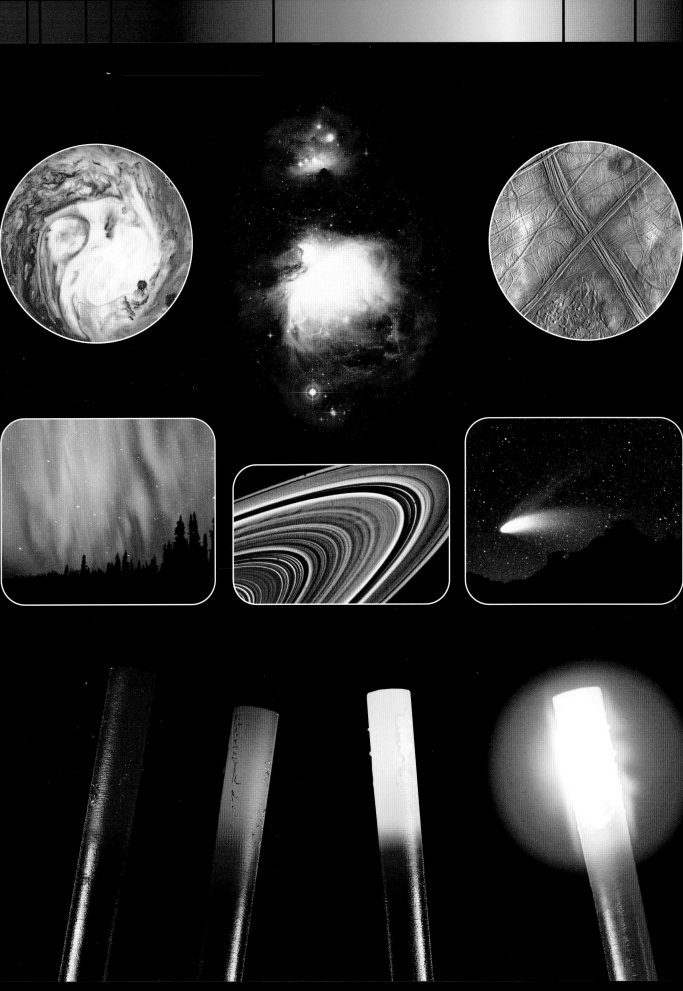

DK

THE WAY THE UNIVERSE WORKS

不可思议的宇宙奥秘

[英] 罗宾·克罗德 / 贾尔斯·斯帕洛 著

杨 静 译

四川科学技术出版社

Original Title: The Way the Universe Works
Copyright © 2002 Dorling Kindersley Limited
A Penguin Random House Company

图书在版编目（CIP）数据

不可思议的宇宙奥秘 / (英) 罗宾·克罗德, (英)
贾尔斯·斯帕洛著；杨静译 . — 成都：四川科学技术
出版社 , 2018.11（2022.3 重印）
ISBN 978-7-5364-9251-6

Ⅰ.①不… Ⅱ.①罗… ②贾… ③杨… Ⅲ.①天文学
—普及读物 Ⅳ.① P1-49

中国版本图书馆 CIP 数据核字 (2018) 第 244344 号

著作权合同登记图进字 21-2018-536 号

不可思议的宇宙奥秘

BUKESIYI DE YUZHOU AOMI

出 品 人　程佳月
著　 者　[英]罗宾·克罗德 [英]贾尔斯·斯帕洛
译　 者　杨静
责 任 编 辑　徐登峰 李珉
特 约 编 辑　王冠中 米琳 李文珂 郭燕 王杰
装 帧 设 计　张永俊 刘朋 孙庚 程志 耿雯
　　　　　　石亚娜
责 任 出 版　欧晓春
出 版 发 行　四川科学技术出版社
　　　　　　成都市槐树街 2 号 邮政编码：610031
　　　　　　官方微博：http://weibo.com/sckjcbs
　　　　　　官方微信公众号：sckjcbs
　　　　　　传真：028-87734037
成 品 尺 寸　216mm × 276mm
印　 张　9.5
字　 数　190 千
印　 刷　当纳利（广东）印务有限公司
版次 / 印次　2018 年 11 月第 1 版 / 2022 年 3 月第 4 次印刷
定　 价　108.00 元

ISBN 978-7-5364-9251-6

本社发行部邮购组地址：四川省成都市槐树街 2 号
电话：028-87734035　邮政编码：610031
版权所有　翻印必究

For the curious
www.dk.com

目 录

宇宙的演化

直径达数亿千米的超巨星爆炸，将自己炸得粉碎，而另一个特殊的天体——黑洞，正潜伏在某个星系的中心，从邻近的天体那里吸来物质，并将那些物质吞入自己无底深渊般的核心。在距离地球稍近的地方——木星的一颗卫星上，火山正在爆发，喷出由熔化的硫形成的一条条河流。这样的景观，展现出宇宙中平凡的一幕。宇宙是指天地间万物的整体，其中包括地球以及地球上的一切，行星和它们的卫星，恒星和星系，当然还包括浩瀚的星际空间。宇宙比我们所能想象的要大得多，它曾经被认为是不可思议的，谁也不知道它的原貌是什么样。然而，许多世纪过去了，天文学家有了些发现，他们研究出了什么是原始宇宙留下的痕迹，以及宇宙为什么具有这样的演化模式。尽管如此，很多难题依然困扰着天文学家。

天文学家的工作

天文学家是研究太空中的天体及其现象的科学家。他们通常都是在特殊的实验室——天文台内工作。天文学家也对物质和能量的性质进行研究，他们的研究工作在所有科学研究中是规模最大的——跨越了整个宇宙。这些研究让他们发现了宇宙的基本要素——从星光的能量到保持行星沿轨道运行的引力。引力也是在黑洞中发挥作用的力。

伊奥（木卫一），是木星的卫星中火山最多的

实验——安全第一

在进行任何实验之前，一定要仔细阅读提示，必须预防可能出现的差错。还应该考虑到该实验是否会导致自己或他人受伤。这里有个一览表，其中列出在进行任何类型实验之前必须考虑到的种种情况。

必须记住的一般要点

· 实验中若出现意外事故，应立即告知家长、老师或其他监护人。
· 不要试图自己去清理任何破损物。
· 要始终认真遵循提示。如果没有把握要多询问。
· 未经允许不得动用材料和设备。
· 必要时请戴上防护眼镜。
· 使用剪刀、美工专用刀或圆规时要小心，如果受伤请立即寻求救护。

使用牛奶和食品染料模拟木星多风暴的表面

电器设备

· 严禁使用干线电源进行实验。
· 交流电源设备必须严格防水，绝不能用湿手触摸这些电器设备。
· 严禁自行拆卸电器设备。
· 严禁将插头插入干线上的插座，禁用湿手进行操作。
· 不要触摸发热的灯泡，以免烫伤。

加热

· 加热任何物体时始终要戴防护眼镜，扎起长发，穿着宽松的衣服。
· 如果需要拾起热的物体，必须使用夹子或戴防热手套，有时这两种防护措施要同时做。
· 请将灭火器或防火罩放在容易拿到的地方，以便出现事故时及时使用。如果起火，要把燃烧物扑灭并立即告知家长、老师或其他监护人。

安全常识

本书中有的标记表明，此项实验在成人监督下是可以在家中安全进行的，或该项实验只能在学校的实验室内进行。如果一项实验没有任何标记，这就表明你自己去做也是安全的。不过，实验前仍需告诉家长、老师。

家庭实验
太阳能烧烤

 请家长监督
凡带有此标记的实验必须在家长的帮助下进行。

演示实验
热的颜色

实验室实施
此标记表明你不可独自在家中做这些实验，必须请示成年人（比如你的理科老师），在实验室内为你演示此项实验。

科学研究的每一个分支都促进了我们对宇宙的了解。同时，我们的知识也在与日俱增。爱因斯坦曾经说过："关于宇宙，最不可理解的事就在于它是可以理解的。"

观星备忘录

本书附有一些备忘录，对实际的观察给予提示。例如，关于流星的备忘录会告诉你在哪儿寻找流星雨的信息。其他备忘录则帮助你确定恒星、星座及星系的位置。

宇宙的大小

宇宙如此巨大，以至于用千米这样的单位去测量都显得非常吃力。因此，天文学家使用一些特定的单位去测量宇宙中天体的距离，如光年——光在真空中一年所走过的距离。距太阳最近的恒星离我们大约 4.2 光年远，天文学家目前已能观测到超过 130 亿光年外的天体。它们的光几乎是在宇宙大爆炸时发射出来的。当然，大爆炸本身就是一个研究课题。关于宇宙的起源和性质的研究称为宇宙学。宇宙学家致力于解决的最重大的问题就是宇宙是怎样产生的，它将会走向灭亡还是会保持永恒。

动手做

想成为一名天文爱好者，并不一定要有一架巨型望远镜，你可以运用最基本的设备——你自己的眼睛。本书中有很多篇幅介绍如何跟踪星座和行星的运动。在晴朗的夜晚，你可能会看到流星，有时甚至能看到拖着长尾巴、横跨天际的彗星。当然，通过双筒望远镜或天文望远镜观看夜空会有更多收获，甚至能看到多达数千颗恒星。

试做本书中的简单实验，它们有助于你去了解宇宙的许多规律。

本书会介绍一些很有用的网址，它们能告诉你在夜空里正在发生着什么，并展示最新的图像。你甚至能在家里参与 SETI（地外智慧生命搜寻）那样的科研项目，通过家用电脑来处理空间的电磁波信号，寻找外星智慧生命。也许真的有外星人呢，这样我们人类在宇宙中就不会孤独了。

昴星团

观察宇宙

天文学家用来进行观测的主要工具是望远镜。自从 400 多年前伽利略第一次用望远镜观看行星时起，我们对宇宙的了解就随着望远镜的每一次改进而不断增加。地面望远镜主要观察恒星和星系发射出的可见光。空间望远镜不仅能观察可见光，也能探测到不可见的电磁波（如 X 射线）。这些空间望远镜如哈勃空间望远镜，向我们提供了非常清晰而且相当特别的宇宙图像。

宇宙飞船打开了一扇揭示太阳系的新窗口。太阳系是太阳和它的行星的宇宙小家庭，它在浩瀚宇宙中只占了非常非常小的空间。如今，人类的宇宙飞船或探测器已经造访过太阳系的每一颗行星。它们揭示出每一颗行星都独具特色，与地球大不相同，形成了一个个神秘又迷人的世界。

关联标记

本书有一些页面的内容还关联着其他页面的内容。例如有关月球的内容出现在第 62 页"地球"一节，其中要求你去参照第 66 页，该页详细介绍了月球各方面的问题。那么，一个标有"66"字样的箭头就会出现在这里。

地球的卫星

月球可能形成于 45 亿年前。它的大块头和它与地球的近距离，使得月球对地球具有一些重要影响。月球能引起地球海洋的强大潮汐，能保护我们避免来自太空的碰撞。

66

从太空看见的月球

观察宇宙

图片:

海尔－波普彗星,1997 年春在夏威夷莫纳克亚
天文台观察到的景象

天文学史话

巨石阵，坐落在英格兰南部索尔兹伯里附近，据说曾经是一个巨大的天文日历（估计早于公元前3000年建立）

像我们今天一样，我们的祖先也曾仰望夜空，惊叹他们所看到的一切。直到大约5 000年前人类早期文明出现时，人们才开始认真研究天空。那些早期的占星术士奠定了天文学的基础，即关于天空和天体的科学研究。如今，天文学家使用巨型地面望远镜和由卫星或探测器带入空间的仪器来观测宇宙星空。他们正在一点点地揭开宇宙的奥秘。

古代占星术士

我们无法确切地知道人类从何时起开始观察星象，因为在公元前3500年以前并没有文字记录保存下来。古苏美尔人、古迦勒底人以及古巴比伦人是最早的天文学家，他们的居住地就是今日的伊拉克。一些保存完好的早期天文学记录来自古巴比伦。经确定，公元前1100年前后的泥板和石刻显示出许多与星座及黄道十二宫非常相近的图像。

托勒密构想的宇宙，中心是静止不动的地球。这是一幅1493年的版画

古埃及和古希腊

天文学在古埃及的尼罗河流域也是非常先进的。金字塔的建造者（公元前2500年前后）利用北极星调准了法老巨大陵墓的方位。古埃及人使用的一年为365天的日历，与我们现在用的没有太大区别。古希腊人从古巴比伦人和古埃及人那里继承了许多观念，从大约公元前600年开始，他们发展了自己的思想。那时的古希腊先后出现了众多哲学家，如泰斯勒、柏拉图、亚里士多德、阿利斯塔克、埃拉托色尼以及喜帕恰斯等，他们都对天文学做出了重大贡献。我们有关古代天文学方面绝大部分的知识来自一本叫《天文学大成》的书，它是由在埃及亚历山大里亚进行研究工作的托勒密于公元150年前后编著的。

阿拉伯人的影响

当希腊和罗马悠久的古典文明衰落时，天文学和大部分其他分支也随之衰落。幸好不是每一个地方都如此。公元800年前后，天文学的一个学派在阿拉伯半岛创立，从此那里的天文学研究兴盛起来，一直延续到1449年，当时的统治者、天文学家乌鲁伯格去世时为止。

崭新的时代

恰在此时，文艺复兴在欧洲全面展开了，人们开始对古老的信仰提出疑问。1543年，哥白尼的著作《天体运行论》用日心说思想向当时宗教认可的地心说提出挑战。日心说不仅与教会的教义背道而驰，也令一些天文学家一时难以接受。不久天文学又出现了一次重大突破——

星盘是用来测量天体高度的，图中这个星盘来自波斯

年表

约公元150年托勒密撰写《天文学大成》。该书囊括了当时的天文学知识。

1543年，哥白尼提出"日心说"的思想。

1609年，伽利略第一次用望远镜观看天象。

1687年，艾萨克·牛顿发表了万有引力定律。

1781年，弗里德里希·威廉·赫歇尔发现天王星。这是用望远镜发现的第一颗行星。

1838年，弗里德里希·贝塞尔运用视差测定恒星的位置。

1845年，罗斯勋爵发现螺旋状星云。

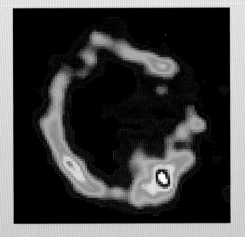

1963年建成的阿雷西博射电望远镜，位于加勒比海波多黎各岛的一个山顶上

观察"看不见的宇宙"

第二次世界大战后，天文学的一个新分支——射电天文学兴起，它充分利用了大气层开放的射电"窗口"。1957年，随着空间时代的来临，宇宙飞船已能用来近距离观测行星。通过被大气层阻拦的辐射波段去研究宇宙也成为可能，比如红外天文卫星、宇宙微波背景探测卫星以及钱德拉X射线天文卫星，在人眼不可见的电磁波段上向我们显示出宇宙的面貌是多么的不同寻常。同样，用于观测可见光的哈勃空间望远镜也给我们送回了最壮观的宇宙图像。这些先进的天文设备为我们展示出一个极其复杂又无比美妙的宇宙。

伽利略用自己改进的望远镜（1609年）对准天空，发现了木星的卫星、金星的位相以及月球上的山脉。牛顿反射式望远镜的出现（1668年）则为制造更大、更精密的望远镜开辟了道路。这些望远镜帮助人类开拓了观测宇宙的视野，发现了以前从未见过的天体——星云、星团、双星，并于1781年找到了太阳系新的行星天王星。

更大更好的望远镜

1845年，爱尔兰贵族罗斯勋爵制造出一架巨大的望远镜，长18米，主镜直径超过1.8米。罗斯通过它看到了两个旋涡般的天体。直到1923年，爱德文·哈勃才确定了这些旋涡状天体的本质，同时又发现了其他一些旋涡星云。他用另一架安装在美国加利福尼亚州威尔逊山天文台的胡克巨型望远镜观察它们，确定旋涡星云是银河系外的星系。人类认识的宇宙范围由此变得更加广大。1948年，哈勃开始使用加利福尼亚州帕洛马山天文台的海尔望远镜进行天文观察，海尔望远镜的主镜直径超过5米，它在之后数十年间一直保持着最大最先进望远镜的称号，直到20世纪90年代才被新的望远镜超越。

胡克2.5米望远镜，安装在威尔逊山天文台，曾位居世界巨型望远镜之首

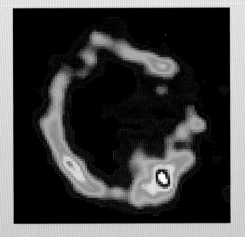

1905年
阿尔伯特·爱因斯坦提出狭义相对论，阐明了物质的质量与能量的关系。

1923年
爱德文·哈勃确认旋涡星云的本质是庞大的恒星集团，且都远在银河系之外，现称它们为旋涡星系或河外星系。

1931年
卡尔·央斯基发现来自宇宙中的射电波，为射电天文学打下了基础。

1965年
"水手"4号宇宙飞船发送回第一张火星的近距离图像。

1969—1972年
在6次历史性的探索行动中，"阿波罗"系列飞船的航天员登上了月球。

1990年
哈勃空间望远镜进入太空并首次发送回惊人的宇宙图像。

2011年
国际空间站完成全部组装工作。

我们在宇宙中的位置

地球是人类在宇宙中的家。对我们来说，地球无比巨大又无比重要。可在整个宇宙中，地球犹如汪洋大海里一颗极微小又无足轻重的沙粒。宇宙的广袤远远超出了我们的想象。八大行星围绕着太阳这颗普通恒星运转，地球只是其中之一。数千亿颗恒星（太阳仅为其中之一）聚集起来形成一个巨大的星系，我们称它为银河系。其实银河系也只是数十亿个星系中的一个，而这些星系成团地分布在整个空间中。

图为纽约市的卫星图像，曼哈顿岛在图的中心处

地球——我们的家园

地球是行星中的一个特例，它为生命提供了必要条件。地球与太阳的距离不远不近，所以它既不太冷也不太热，水在地球上能以液态的形式存在。地球的体积和质量适中，使得它的引力适中，恰好可以保持住相当厚度的大气层。而地球生命存在的基本条件就是适宜的温度、液态水以及含氧的大气。

海王星
天王星
土星
木星
火星
地球   月球
金星
水星
太阳

光线从月球到达地球用1.3秒

光线绕地球一周只用0.133秒

月球

地球有个贴身的伙伴，就是月球，它与地球的距离只相当于距地球最近的行星金星和地球距离的1/100。月球像地球一样是个岩石表面的球体，直径仅为地球的1/4。因为太小，所以没有大气层。月球表面的温度白昼时很高，黑夜时又很低。它的表面有广阔的遍布尘埃的平原，称为月海，还有崎岖的高山，称为月陆。陨石撞击而成的环形山在月球表面随处可见。

行星

绕太阳运转的八大行星和冥王星等一众矮行星（如上图所示，未按比例绘制）是组成太阳系的主要成员，除了行星和矮行星，其他太阳系成员主要包括卫星、小行星、彗星以及流星。地球是轨道离太阳较近的4颗岩石表面行星之一，它们与远处的4颗巨行星相比显得非常小。木星是太阳系最大的行星，它的质量比其他行星质量的总和还要大几倍。遥远的冥王星曾经被认为是行星，2006年被归为矮行星。

太阳系的中心

太阳是太阳系的中心。它巨大的引力把整个太阳系的天体聚集起来。像其他恒星一样，太阳是一个炽热的气体星球，由核聚变产生能量，并把能量以光、热和其他形式的辐射散发到宇宙中。太阳系中其他天体的光是它们反射的太阳光。

太阳，由太阳和太阳风层探测器SOHO拍摄的照片

光线从太阳到地球需要8.3分钟

矮行星冥王星及卡戎

天上的恒星

我们在夜空中所看到的闪烁着光芒的恒星，大都和太阳一样，是由炽热气体组成的火球，由核聚变产生能量。不同恒星的大小和温度差别很大，它们的颜色和亮度也不相同。小质量的恒星可以生存数十到几百亿年，然后变成红巨星，最后坍缩成白矮星。质量越大的恒星寿命越短，最短的也许仅生存几百万年，最终将爆发成超新星，甚至形成黑洞。光线从最近的恒星半人马座 α 星到达地球约需 4.3 年。

光线要用10万年的时间才能横跨银河系

银河系中的恒星

星系

天空中肉眼能看到的恒星同属一个极其巨大的星系，称为银河系。银河系有1 000 亿~4 000 亿颗恒星。银河系的中心是由大量恒星密集形成的球状体，而其他恒星延伸成一些长串，如弯曲的长臂一样从球体旋转开来。宇宙中有数十亿个星系。一部分星系和银河系相似，具有旋涡或棒形结构，称为旋涡星系。另外一些没有旋臂的，称为椭圆星系。还有一些没法定义形状的星系称为不规则星系以及介于椭圆星系和旋涡星系之间的透镜状星系。

M100星系（梅西耶星表中编号100的星系，在后发座内）是个旋涡星系

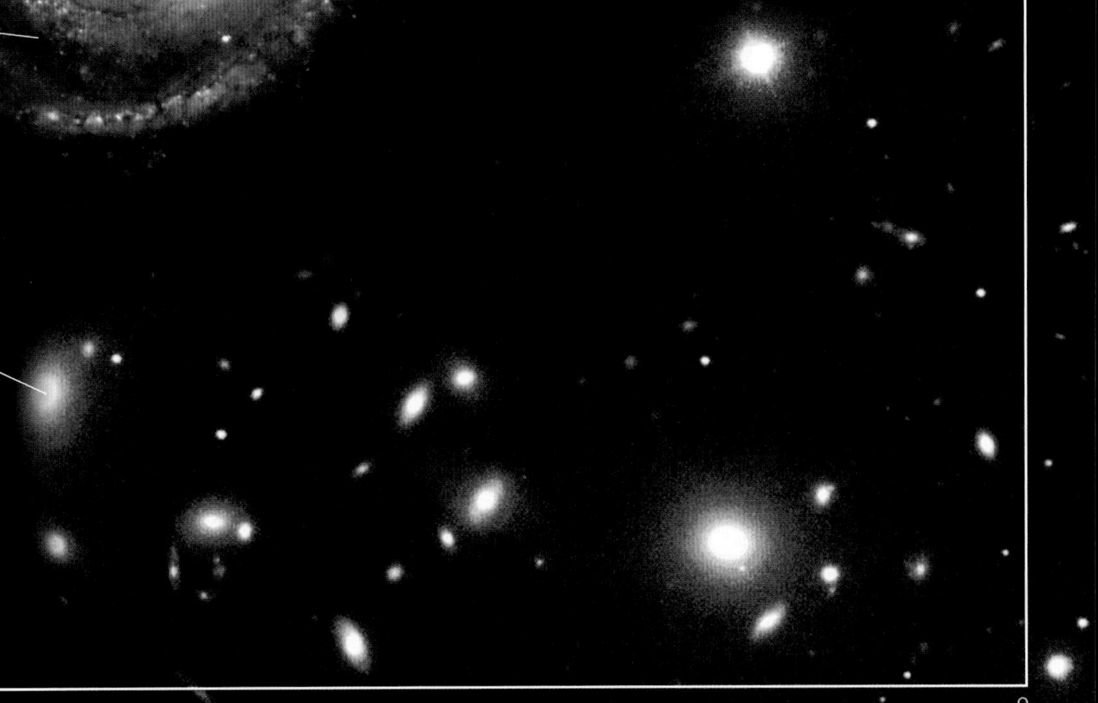

光线从我们能看见的最遥远的星系到达地球，需要超过100亿年的时间

无边无际的宇宙

星系并非随意分散在宇宙中，而是聚集成群或团，例如阿贝尔98 星系团（见右图）。银河系属于一个称作本星系群的小星系团，而 M100（见上图）属于巨大的后发星系团。无数个这类星系团形成了松散的网状系统，由此构成了人类看得见的宇宙。

构成物质的基本要素

　　我们周围存在的每一个实体、每一种材料，都是由人们称为物质的原料构成的。月球、太阳、恒星以及其他所有天体也是由物质构成的。它们在一个充满了暗物质和暗能量的空间运行着，这个空间就是太空。物质、能量和太空构成了宇宙。宇宙中有数百万种不同类型的物质——岩石和塑料、树木和水、肉体和血液，等等。所有这些物质仅由100多种基本的要素构成，我们称它们为化学元素。

元素和化合物

　　元素是构成所有物质的原材料。在地球上发现的100多种元素中，大部分是固体，有一些是气体，只有溴和汞是液体。绝大部分固态元素是金属，其中仅有少数能以纯净状态存在，金是其中之一。元素中的大多数由于具有极强的化学反应活性而不能以单质状态存在，它们总存在于与其他元素结合后形成的化合物中。例如硅元素，它只能存在于与氧结合的化合物二氧化硅中。石英就是二氧化硅的矿物形态。

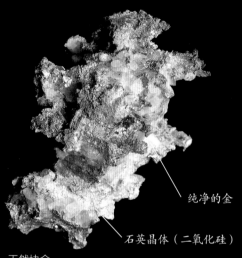

纯净的金

石英晶体（二氧化硅）

天然块金

最初的元素

　　最初的两种元素是氢和氦，它们形成于宇宙年龄仅有几十万年时，至今仍然是宇宙中最常见的元素。恒星主要由氢构成。在核聚变反应中，恒星把氢当作燃料，产生的能量足以维持恒星的持续发光。在这些反应中，氢通过聚合而形成氦。

90 ▶

元素的诞生

　　几乎所有已知的元素都是数十亿年前从即将衰亡的原始恒星诞生的。恒星消亡前，急剧坍缩的核心温度迅猛升高，引发一系列核反应，生成很多元素，它们慢慢弥散到宇宙空间。而大质量超巨星爆炸形成超新星时，又有很多质量很重的元素随爆炸生成（见第113页）。巨大的爆炸将这些元素抛向周围的空间。被抛撒的物质与星际气体相撞击而发光，形成星云。蟹状星云（上图）就是一颗超新星爆炸后留下的遗迹。中国古代天文学家于公元1054年曾对此做过完整记载。

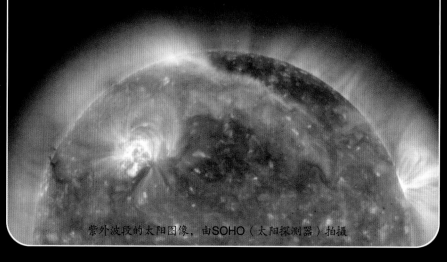

紫外波段的太阳图像，由SOHO（太阳探测器）拍摄

物质的状态

物质一般以三种状态（形态）存在，即液体、固体和气体。岩石是典型的固体，具有确定的体积和形状。水是典型的液体，具有确定的体积，却没有确定的形状——装在什么容器里就是什么形状。空气是典型的气体，它没有确定的体积和形状，能完全充满周围所有空间。当温度和压力改变时，物体便会改变自己的形态。例如，固体岩石能变成熔融体的熔岩（见左图），而液体水，经过充分加热达到沸点就会变成气体。

夏威夷普乌·奥欧火山喷发

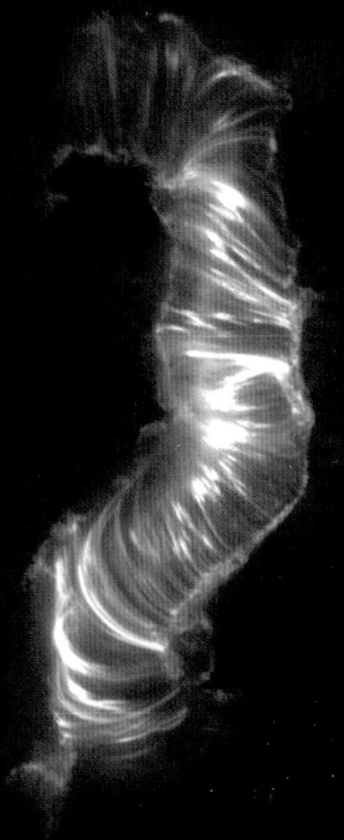

温度达到1 500摄氏度的熔岩

物质的第四态

地球上绝大部分物质都是由原子构成的。但是在恒星内部，温度达到数百万摄氏度，普通的原子不能存在。它们被剥去周围的电子，成为带电的离子。此时的物质成为离子和电子的混合状态，被称为等离子体，它是物质的第四态。当太阳耀斑爆发时，太阳表面就会喷发出等离子体（右图）。

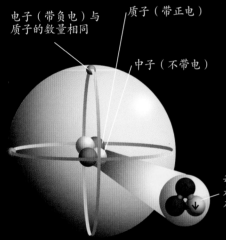

电子（带负电）与质子的数量相同

质子（带正电）

中子（不带电）

每个质子或中子都是由3个叫夸克的基本粒子构成

氦的原子结构——2个质子，2个中子，2个电子

原子和分子

不同的元素是由不同类型的原子构成的。每一个原子的中心都有一个原子核，围绕在核周围旋转的微小粒子叫电子。原子核本身是由两种粒子——质子和中子构成，它们统称为核子。原子通常不能单独存在，它们和其他原子组合起来形成分子。

用硫离子轰击金原子产生的亚原子粒子雨

亚原子粒子

科学家曾经认为原子是物质的最小单元，也就是说原子不能再被分割，然而电子（1897年）、质子（1919年）和中子（1932年）的发现，使他们改变了观点。这些比原子更小的粒子被称为亚原子粒子。电子、质子、中子、夸克都属于亚原子粒子。如今，我们已发现了超过200种亚原子粒子。科学家在"原子—轰击"实验中发现了大量的亚原子粒子。如左图所示，这是在探测仪中见到的金原子和硫离子相互撞击，亚原子粒子雨留下了明亮的轨迹。

宇宙的作用力

宇宙被四种基本的相互作用力支配控制着，这些力决定了物质的形态和变化。其中有两种力只作用在原子核内，在日常生活中不易被察觉，这就是强力和弱力。其他两种力则是我们非常熟悉的电磁力和引力。电磁力是把原子聚拢在一起的力。电和磁是相互依赖的。而引力能使我们在地面上站立，让投出的物体落回地面。从整个宇宙角度而言，引力是使宇宙保持平衡的力。

物质相互吸引

任何物质都存在引力，引力的大小是由物质的质量决定的。质量越大，引力就越大。引力使得月球绕地球运转，也使得地球和太阳系的其他行星绕太阳运转。它还维持太阳绕银河系的核心运转，如此等等。因此有人认为，万有引力是一种非常强大的力，但实际并非如此。事实上，万有引力是四种基本相互作用力中最弱的，但它能穿越无比遥远的距离产生作用，这点又是其他三类作用力无法相比的。

太阳系行星之王——木星的引力使成群的卫星绕它运转，图中显示的是木卫一（左）和木卫三（右）

牛顿的苹果

有个著名的故事讲道：英国科学家艾萨克·牛顿年轻时，在英格兰林肯郡的家里，看到苹果从树上落到地面，悟出了有关万有引力的概念。他推测使苹果落地的力就是维持月球在轨道上运行的力。

艾萨克·牛顿爵士
（1643—1727）

自由落体

地球表面附近的物体由于地球的吸引受到的力叫作重力，这就是使物体落地的那种力。物体的重力和质量是不同的，质量是指该物体所包含的物质的数量。在本实验中，你会看到重力是如何在落体上产生作用的。请准备好：金属重锤、一段松紧带、干净的塑料瓶。

1. 将重锤拴在松紧带的一端，然后放进瓶中。把松紧带的另一端缠绕在瓶颈处，拧紧瓶盖。重力向下牵拉重锤使松紧带变长，伸长的长度是重锤质量的衡量标准。

2. 现在让瓶子落下。重力将以相同的力量吸引重锤和瓶子，使它们以同样的速度落下。这时候松紧带不再伸开，重锤和瓶子处于失重姿态。这和航天员在轨道上出现失重的状况是相似的。

重锤和瓶子下落时出现失重

电磁力

电磁力是作用在所有带电物体之间的力。原子结构依靠电磁力维持，它把电子（带负电）束缚在原子核（带正电）周围。它也是引起化学反应的力，因为化学反应依赖于原子之间的电子交换而形成新的分子。电磁力包含两种力，即电和磁，它们是相互关联的，比如运动的带电粒子能形成磁场。

在云层和地面之间因为带有不同电荷而引发闪电

弱力

弱力是参与放射的力，在它的作用下不稳定的元素产生放射现象。它比引力稍强，但比强力和电磁力要弱。它仅能在原子核内起作用，作用距离相当于电子的直径——大约 10^{-18} 米（一百亿亿分之一米）。电磁力和弱力似乎是相关联的，有时把二者统一称为电弱相互作用。

用盖格计数器（测量放射性的仪器）检测放射能

强力

强力是四种相互作用力中最强的力。它足以克服带正电的质子间的排斥力，把中子和质子牢牢束缚在原子核内。强力的作用距离比弱力的稍大，约为 10^{-15} 米，相当于中子或质子的直径。在核反应堆的核裂变反应和原子弹爆炸的过程中，强力具有足以瓦解原子的力量（见右图）。

核反应释放出惊人的能量，从而使核武器具有毁灭性的威力

宇宙大爆炸

科学家猜想，今天宇宙的四种基本力曾经是统一为一体的超力，它产生于宇宙大爆炸最初的一个极短暂的时刻。随着宇宙膨胀和冷却的过程，四种力才渐渐分开。如今，科学家正试图提出一个大统一理论（也称万物之理），来解释宇宙间一切自然现象的本质。

138 ▶

辐射

我们的世界沐浴着太阳光，当周围的物体反射太阳光进入人的眼睛时，我们就看见了物体。之所以能看见物体，是因为我们的眼睛对可见光很敏感，但我们的眼睛无法察觉太阳发出的其他射线或辐射。其他恒星同样发射可见光以及一系列不可见的射线和辐射。星系以及许多天体也是如此。要全面准确地了解所有天体的本质，就需要去"看"它们发出的所有类型的射线。

电磁波

可见光和不可见的辐射非常相似。它们都是电和磁的扰动或振荡，以波的形式传播，所以称为电磁波。像水的波浪一样，电磁波有波峰（高点）和波谷（低点）。两个波峰（或波谷）之间的距离称为波长。电磁波的不同类型由它们不同的波长来区分，不过，它们都是以光速传播，即大约 30 万千米 / 秒。

大气层的窗口

地球上白天明亮是因为太阳光能穿过大气层。幸运的是，星光也能穿过大气层。通过大气层的"光学窗口"，我们能看到天上的星星。大气层还有一个"射电窗口"，它能够使射电波（无线电波的一部分）通过，但是大气层封锁了几乎所有其他不可见的辐射。实际上，由于空间探索时代的来临，才使天文学家能够运用天文卫星去全面研究那些来自太空的各种辐射。

大气层吸收了电磁波中的绝大部分短波，只有长波能通过

电磁波谱的波长范围

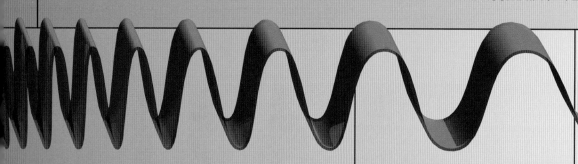

γ 射线最长波长约0.01纳米（1纳米 = 10^{-9}米）　　　　X射线波长：0.01~10纳米　　　　紫外线波长：10~400纳米　　可见光波长：400~760纳米

短波

γ 射线波长最短，稍长些的是 X 射线和紫外线。之所以称其为紫外线，是因为它的波长仅次于可见光中波长最短的紫色光（在可见光中，不同波长的光在我们看来呈不同的颜色）。波长越短的光携带的能量越高，因此 γ 射线和 X 射线携带的能量最高。

不稳定的恒星船底座 η 星的
γ 射线图像

船底座 η 星的可见光图像

哈勃空间望远镜

最著名的空间观测站是哈勃空间望远镜，它的观测范围主要是可见光。但它对紫外和红外波段也做过一些观察。它是一台主镜直径 2.4 米的反射式望远镜，于 1990 年发射升空，进入轨道后，又由航天员做过多次维修和改进。

长波

红外线和无线电波具有很长的波长。红外线之所以被称作红外线，是因为它的波长仅比可见光中波长最长的红光稍长。它还被称为热射光，因为我们能感觉到它的热量。无线电波覆盖波谱中非常宽的一段，无线电波中波长最短的叫微波，其中波长21厘米的射电波是给宇宙绘图的理想波段。因为它是由氢发散出来的，而氢是宇宙中最普遍存在的元素。

船底座 η 星的红外图像

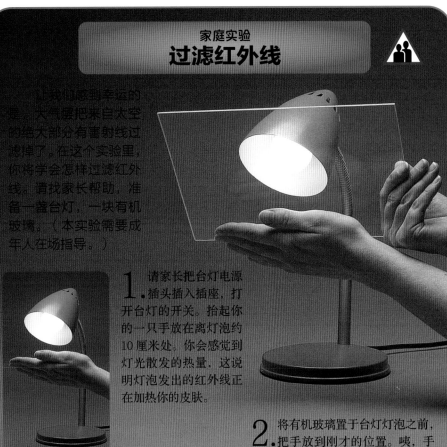

家庭实验
过滤红外线

让我们感到幸运的是，大气层把来自太空的绝大部分有害射线过滤掉了。在这个实验里，你将学会怎样过滤红外线。请找家长帮助，准备一盏台灯，一块有机玻璃。（本实验需要成年人在场指导。）

1. 请家长把台灯电源插头插入插座，打开台灯的开关。抬起你的一只手放在离灯泡约10厘米处。你会感觉到灯光散发的热量，这说明灯泡发出的红外线正在加热你的皮肤。

2. 将有机玻璃置于台灯灯泡之前，把手放到刚才的位置。咦，手不觉得那么热了。这是因为有机玻璃吸收了部分红外线。

红外线波长：760纳米~1毫米

由太阳能电池组提供能量的太空望远镜

"小绿人"

1967年，英国剑桥大学的研究生乔斯琳·贝尔与导师安东尼·休伊什一起，捕捉到以前从未探测到的来自太空的脉冲信号。"难道它们真是来自外星文明的信号？"他们开玩笑地提出了疑问，并且给这个射电源起了个绰号叫"小绿人"。后来证实，贝尔发现的不是外星人发来的信号，而是一颗陌生的、被称为脉冲星的天体发出的辐射。

114 ▶

安东尼·休伊什在英国剑桥的射电望远镜观测站内

无线电波长：从1毫米至1千米以上

船底座 η 星的射电图像

射电源

在宇宙中有些能量极大的天体是靠它们发出的射电波才被探测到的。这其中包括射电星系和类星体，这是受黑洞支配而活动性极强的星系中的两个典型（参见第126页）。脉冲星能发出喷流般的射电波，当星体在空间转动时，射线就像探照灯似的扫过四面八方。超新星遗迹就是很久以前爆炸的恒星留下的残余，也是强大的射电源。

观测手段

通过研究从空间到达地球的光，天文学家得到了大量关于宇宙的信息。他们使用的基本工具是望远镜，那是一种聚光力为肉眼许多倍的设备。不同类型的望远镜能帮助天文学家收集来自太空的不同射线。他们用射电望远镜研究射电波，还利用卫星把望远镜送入空间，以便研究那些不能穿过地球大气层的射线。

使用望远镜

当太阳下山时，天文学家就为夜间的观测做准备。在天文台，他们打开圆屋顶，把巨型望远镜对准他们准备研究的那片天区。最佳的天文台都坐落在山的高处，高于云层和大气层最浓厚、最肮脏的区域，能看到比较清晰的天空景象。不过，专业天文学家并不是直接通过巨型望远镜用眼睛观看星空。在实际观测中，他们使用望远镜如同使用巨型照相机，是在感光胶片或电子器件上记录下获得的图像。

智利拉塞拉天文台安置着3.6米反射式望远镜的圆顶屋

反射镜和透镜

天文望远镜既用玻璃透镜也用抛物面反射镜来聚焦光线。它们基本上由两部分构成，一部分是物镜（透镜或反射镜）用来聚焦图像，另一部分是目镜用来观察。虽然图像是上下颠倒的，但是对天文研究不会产生任何影响。

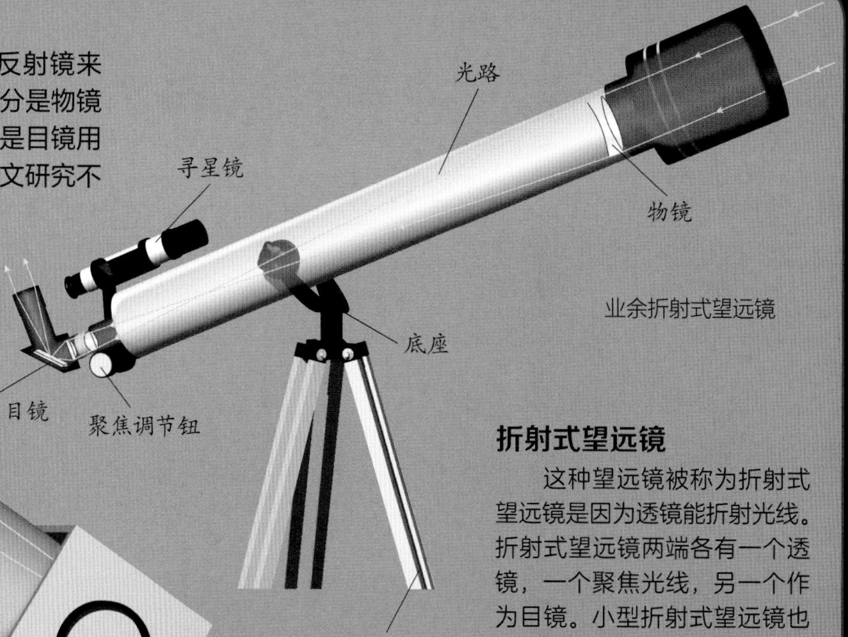

光路
物镜
寻星镜
目镜
90°角目镜
聚焦调节钮
底座
业余折射式望远镜

光路
目镜
副镜（平面）

反射式望远镜

大多数天文望远镜用反射镜来反射光。从实用效果考虑，构建大型反射镜简单易行，因为能从背后支撑住它。反射式望远镜不像折射式望远镜那样会产生色差。在业余天文爱好者喜欢的牛顿反射式望远镜（右图）中，由一个抛物面的主镜会聚进入镜筒的光，并把它沿着望远镜镜筒向上反射到一个平面副镜，经平面副镜再把光反射到镜筒侧面的目镜中。

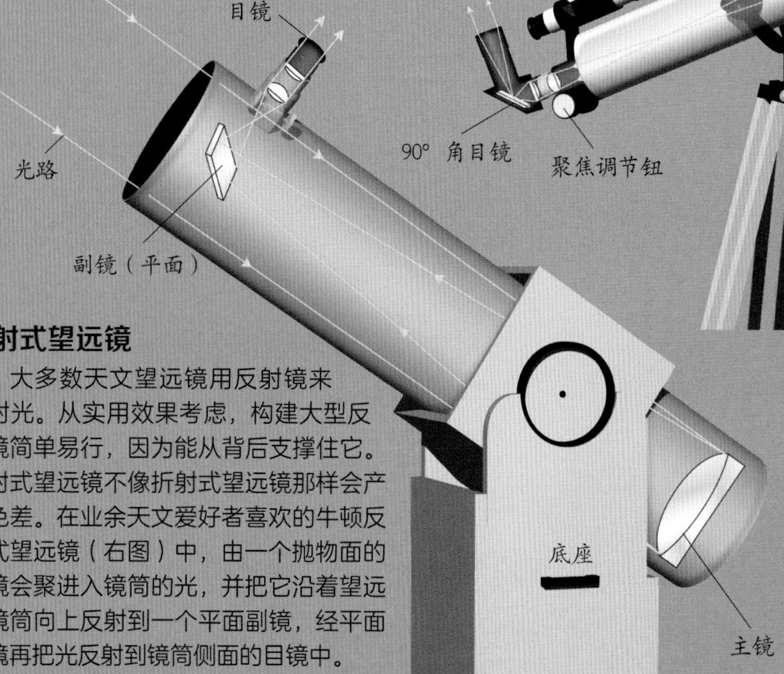

业余牛顿反射式望远镜以艾萨克·牛顿的名字命名

底座
主镜

折射式望远镜

这种望远镜被称为折射式望远镜是因为透镜能折射光线。折射式望远镜两端各有一个透镜，一个聚焦光线，另一个作为目镜。小型折射式望远镜也能生成优质的图像，但大型的却会受到透镜某些缺陷的影响。它们能吸收大量的光产生色差，这是由于透镜把不同波长（即不同颜色）的光会聚到不同的点上。此外大型透镜自身太重，会产生变形。这就是为什么没有巨型折射式望远镜的缘故。

主动光学

孪生的凯克望远镜是两台当时名列前茅的天文设备，它们被安装在美国莫纳克亚天文台。该天文台坐落在夏威夷海拔4 200 米的莫纳克亚山顶，那是一座休眠火山。两台巨型的凯克望远镜各有一个直径达 10 米的聚光镜。如果把镜片制作成一整块，那么这惊人的巨大镜片在自身重力影响下会出现变形。实际上，每个巨镜都是由 36 块口径为 1.8 米的六边形切片拼接组合而成的。由电脑控制的支架每时每刻在调整着这些六边形部件的位置，使它们能形成一个精准曲面的主镜，以便更好地观察天空。

夏威夷凯克1号望远镜的主镜，于1992年投入使用

甚大望远镜

安装在智利帕瑞纳山顶的4 架望远镜构成了强大的望远镜组合，这就是属于欧洲南方天文台的甚大望远镜。每架望远镜都有一个口径达 8.2 米的主镜，具有 100 万倍于肉眼的聚焦能力。联合工作时，4 架望远镜相当于一架口径大于 16 米的单体望远镜。2001 年，甚大望远镜正式投入使用。

数字图像

天文学家经常用数码相机拍摄照片。在数码相机的机芯里有一个 CCD（电荷耦合器件），由微型电子电路构成，它更像个人电脑中的芯片。CCD 是由数千甚至数百万个棋盘式光敏小方格的列阵构成的。这大量的方格称为像素（图像的最小点）。像素记录下落在它们上面的光形成的一幅幅电荷图案，这些图案如同一个个数字图像被电脑显示出来。

安装在澳大利亚英澳天文台的英-澳望远镜上的CCD照相机

射电望远镜

大多数射电望远镜都有一个巨大的碟形天线，这个大"碟子"把接收到的射电信号反射并聚集到安置在它上方的天线中。信号进入一个接收机，在接收机里被放大（增强）并处理成人工的彩色"图画"。为收集来自空间的微弱射电信号，碟形天线必须很庞大。设置在波多黎各的阿雷西博射电望远镜直径达 305 米。位于美国新墨西哥州索科罗的甚大阵射电望远镜，使用了 27 个碟形天线共同工作，能产生相当于直径 27 千米射电望远镜的效果。

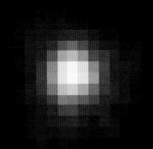

鲸鱼座变星乌藁增二的CCD图像

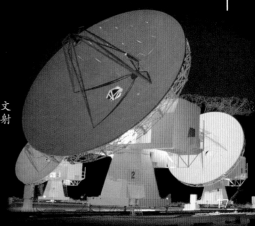

设在加利福尼亚欧文斯谷射电天文台的射电望远镜

家庭天文学

专业天文学家利用地面天文台或空间轨道上的望远镜，完成令人瞩目的工作，而人数众多的业余天文爱好者也使用着非常现代的设备。这些"家庭天文学家"做着很有价值的工作，因为比起相对人数少得多的专业人员，他们能监测更广阔的天区。你也可以加入他们的行列，使用简单的设备，就能探索银河系，观察星座，跟踪行星，观看流星，寻找彗星，感受日食带来的惊喜。

基本器材

观星之前，先要用点时间做些准备，备齐所需的器材，如照相机、双筒望远镜或天文望远镜、指南针和手电筒。对，再备一些星图，笔记本也是很必要的，以便记录下你在什么时间观察到了什么天体，以及观测的情况等。最后还要考虑到衣物，因为即使在夏季的夜晚，观星时仍然可能感到凉意十足。通常晴朗的夜晚都是很冷的，因此来一瓶热饮和备一份小吃也许是个好主意。

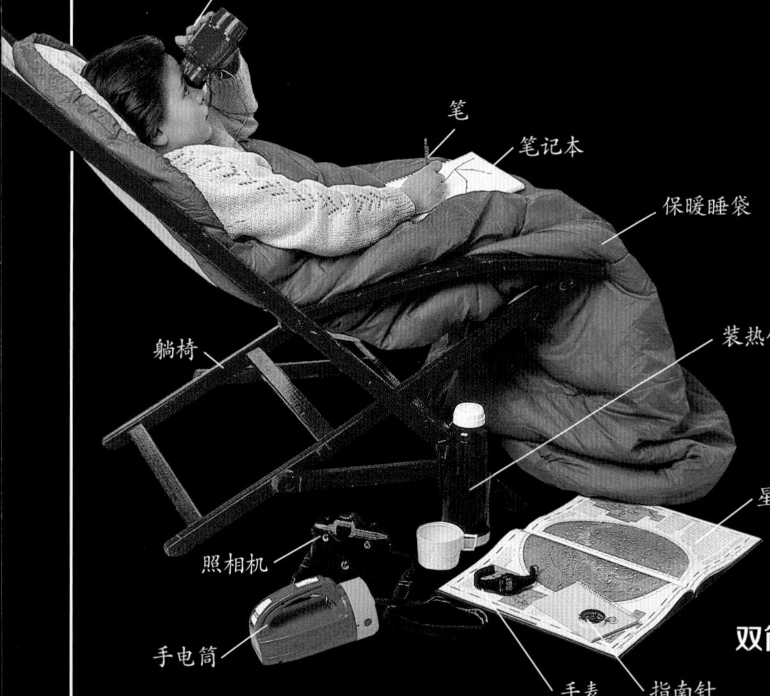

双筒望远镜

笔
笔记本

保暖睡袋

躺椅

装热饮料的保温瓶

照相机

星图

手电筒

手表　指南针

肉眼看到的银河系　　双筒望远镜中的银河系

夜间视力

当你去观星时，不要指望能立即看清天空中布满的繁星。你必须首先获得夜视力，也就是让你的眼睛适应黑暗的环境。在这个过程中你眼睛的瞳孔会扩大，让更多的光进入眼睛。同时你的视网膜——位于眼球后部的"感光屏"也变得对光更灵敏。这个过程大约需要 20 分钟。还要习惯用红光手电筒看星图，因为红光对夜视力的影响要比白光小。

双筒镜的视野

双筒望远镜比肉眼能会聚多得多的光。借助它我们能看到数量更多的恒星和其他天体。比如星云，因为它们的光太弱。用肉眼观察，银河系像一条悬在天空中模糊而发白的带子（见左下角图）。而通过双筒望远镜，银河系就变成了一片恒星与亮星云密集的海洋（见左图）。对于一般性观测最适用的双筒望远镜的规格是 7×50（即物镜直径 50 毫米，放大倍率 7 倍）。

用红色玻璃纸遮盖手电筒，借助它来看星图

拨盘找星

平面星图对认星来说是十分有用的辅助工具。它用一个圆形星图作底盘，上面有一个可以旋转的开着窗口的面盘，用它能显示出某年某月某日时的天空可看到的恒星。窗口开在不同位置的平面星图可用于南北半球不同纬度的地区。

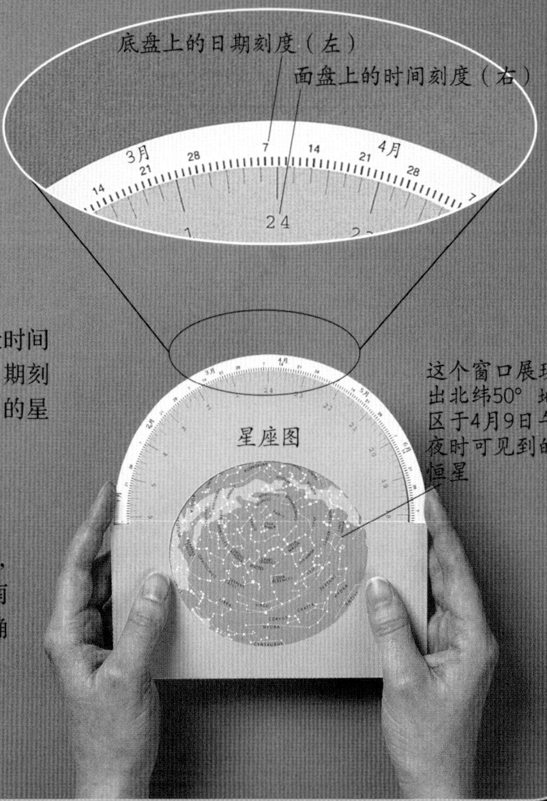

底盘上的日期刻度（左）

面盘上的时间刻度（右）

1. 使用平面星图，先把面盘边缘时间刻度的观测时刻与底盘边缘日期刻度上的观测日期对准。出现在窗口的星星就是你可以看到的那些星星。

2. 要使窗口处于准确的安置方向，必须把它高举过头顶，用指南针去确定其面盘上指"北"标记确实指向北方。

星座图

这个窗口展现出北纬50°地区于4月9日午夜时可见到的恒星

从太空看美国的夜景

光污染

来自建筑物和街灯的光照亮城市的天空，这使得天文学家和天文爱好者的观测活动变得很困难。即使在晴朗的夜晚，城市居民也看不到亮度较弱的星座和行星。尤其是需要长时间曝光的天体摄影会受到严重干扰，比如说拍摄星迹（见第 26 页）。当然，自然界也存在光污染，比如月光。

白昼天文学

当月球遮挡住太阳时就发生日食，日食是白昼天文学中令人惊奇的事情之一。日全食发生在太阳光被完全遮挡住的时候，它非常罕见，每次只能在地球上极为有限的区域看到。日偏食发生在太阳光被部分遮挡住的时候，它能在很多区域被看到，更常见一些。要注视初亏阶段的日食，即当月球"刚咬到太阳"的时候，必须戴上专门观看日食的眼镜，它能遮挡住绝大部分的太阳光。不要直视太阳，那样会严重损伤你的眼睛。

67 ▶

日食眼镜是一种镀铝的塑料镜片，使用时要严格遵照说明书中的安全提示

夜空

当我们第一次观星时，会感到很茫然，天上的繁星好像是在漆黑的夜空中随意地散布着。稍等片刻后，我们会认出那些亮星组成的一个个图案。利用这些图案，也就是星座，我们能比较容易地找出周围的其他天体。经国际天文学联合会确定的 88 个国际通用星座中，约有一半早已为古代天文学家所熟悉。古人按照想象的图案来给星座命名，这些名称一般都借用了当地神话传说中的人或物。

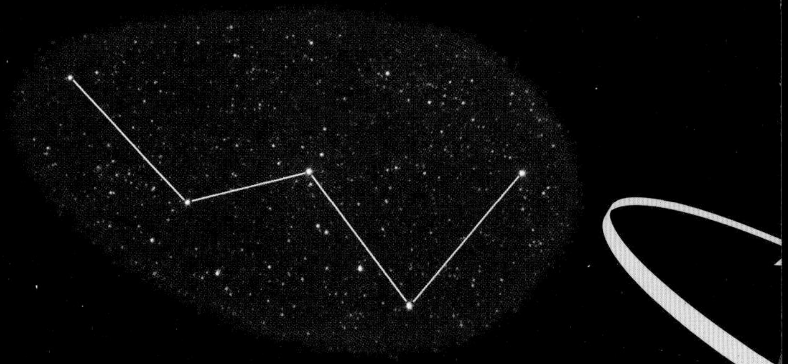

仙后座γ星
615光年

仙后座ε星
440光年

仙后座α星
230光年

仙后座β星
54光年

仙后座中恒星的真实位置，图中标注的是它们到太阳的距离（未按实际比例）

仙后座δ星
100光年

仙后座 W

在星图上，常把每个星座中比较明亮的星星连接起来构成一个图案，来帮助我们认出夜空中的星座。例如仙后座中的 5 颗亮星构成了一个 W 形（见上图，在星座照片中绘的直线）。在一个星座中，恒星用希腊字母表中的字母来标志：α 表示其中最亮的一颗，β 则表示亮度处于第二位的，其余的依此类推。恒星常用希腊字母和星座名来命名，比如仙后座的 α 星被称为仙后 α（星）。

仅是错觉

在我们看来，仙后座中的 5 颗亮星在天空中相距不远，形成 W 形。其实，这都是错觉。这些恒星彼此距离非常远，最近的离我们约 50 光年，最远的超过了 600 光年。大部分星座里的恒星都是这样。

仙后座的亮星

认识仙后座

仙后座位于北天，紧邻北极星。从地球上看，银河穿过它的中心区域，其周围星座的名称见下图。仙后座中几颗最明亮的星组成字母 W 的形状，但整个仙后座是指图中锯齿状的边界线所包括的天区。

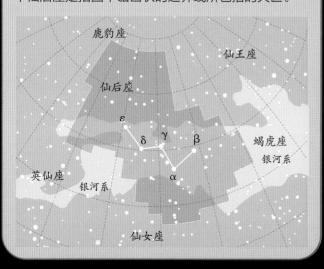

鹿豹座

仙王座

仙后座

ε

δ γ β

蝎虎座

银河系

英仙座

α

银河系

仙女座

椅上的王后

在古希腊神话中，埃塞俄比亚国王希菲乌斯的王后卡西奥皮亚是个爱虚荣的人，她的女儿叫安德洛美达。王后常坐在椅子上面对镜子自我欣赏，还夸口说她和女儿比大海的仙女更美丽。这激怒了仙女们，她们向海神波塞冬告状。海神派妖怪去为害王国的百姓，并逼迫国王把女儿作为祭品。就在妖怪要吞掉安德洛美达时，英雄珀耳修斯出现了，他杀死了妖怪。左侧夜观星空栏中列出了与故事中的人物有关的星座，仙后座（卡西奥皮亚），仙王座（希菲乌斯），仙女座（安德洛美达），英仙座（珀耳修斯）。

北天极

天赤道

黄道（太阳每年绕天球
一周的视轨道）

北极

赤道

地球

南极

星纬线（赤纬）

星经线（赤经）

南天极

天球

古代人不清楚天是什么样的。他们想象中的天是一个异常巨大的、里面钉着无数星星的黑屋顶一样的圆球。这个天球每天绕地球旋转一周，繁星也跟着移过人们的头顶。当然，天球并不存在，但天文学家发现它是一个很有用的概念，他们可以利用球面几何来精确标定天体在天空中的位置。天球上有北天极和南天极，它们分别处于地球的北极和南极的正上方，而天赤道在地球赤道的正上方。

天球每天从东往西旋转一周（因为地球每天从西往东自转一周）

太阳的轨道

地球每年围绕太阳运行一周，但在地球人看来，太阳好像终年沿着天球运动，太阳在天球上走的这一圈叫黄道，它总是从相同的星座中穿过，这些星座被称为黄道星座。黄道带是一条假想的绕着黄道的带子。占星术士认为这些黄道带的星座（也叫星宫）有特殊的意义。

太阳

地球

黄道带

占星学家偏爱的黄道十二宫

天象厅

图中是安置在英格兰曼彻斯特大学纳菲尔德射电天文实验室所属的一个科学中心的天象仪，它能进行具有真实感的星空演示。在这个酷似夜空苍穹的圆屋顶剧场里，观众们可以抬头仰望满天的恒星和星座。复合天象仪通过编程，可以演示任意时段在世界所有地方见到的星空，无论是今天的、过去的，还是未来的。

北天恒星

天文学家想象自己身处一个围绕地球布满星星的巨大天球中。为了方便，他们通常把这个天球分为两半，这就是常说的南（半）天球和北（半）天球。天赤道是它们的界线（就像赤道把地球分成南北半球）。居住在北半球的观察者在一年中的有些时候能看到北天所有的星座。他们也能看到南天的部分星座，离赤道越近，能看到的南天星座就越多。

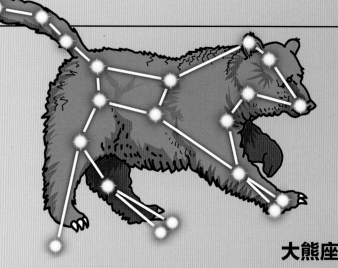

大熊座

大熊座占据北部天空的一大片区域。它最出名的不是熊的形状，而是它的尾巴，那里是被我们称为北斗七星的几颗亮星。大熊座之所以被称为"大熊"，是因为它近处还有一只"小熊"（小熊座）。被古希腊人命名的大熊座代表仙女卡利斯托。她被众神之王宙斯诱骗，生下一个儿子。宙斯的妻子赫拉觉察后大怒，把卡利斯托变成了一只熊。

大星团

在北部天空中可以看到一些松散的恒星群，那是我们熟悉的星团，肉眼也很容易看到它们。例如巨蟹座鬼星团，又名蜂巢星团（上图），如此称呼是因为它宛如一群绕着蜂巢嗡嗡飞行的蜜蜂。金牛座以两个出名的星团著称，这就是处在微红色的毕宿五（金牛 α）附近的毕星团和远在星座边塞的昴星团（参见第 106 页）。这些松散的星群被称为疏散星团。由成千上万甚至数十万颗恒星组成，外貌呈球形，越往中心恒星越密集的星团，称为球状星团。它们也可用肉眼看到，例如武仙座的 M13。

北斗星

大熊座中七颗最亮的恒星组成北部天空最明显的图案之一，它有点像老式马拉犁的弯扶手和犁锋。因为像一个舀牛奶用的长柄勺，它还有一个名字叫大勺。阿拉伯天文学家给这七颗星都起了名字（见右图）。

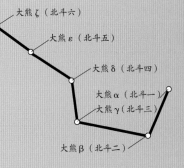

大熊 η（北斗七）　大熊 ζ（北斗六）
大熊 ε（北斗五）
大熊 δ（北斗四）
大熊 α（北斗一）
大熊 γ（北斗三）
大熊 β（北斗二）

夜观星空
指极星

北斗星是一个极好的指路标。连接北斗二与北斗一之间的直线能一直延伸到北极星，所以这两颗星被称为指极星。显眼的 W 形仙后座，就位于北极星的另一边。

北斗星的七颗恒星以及仙后座亮星，都可以用来寻找北极星

北天星座

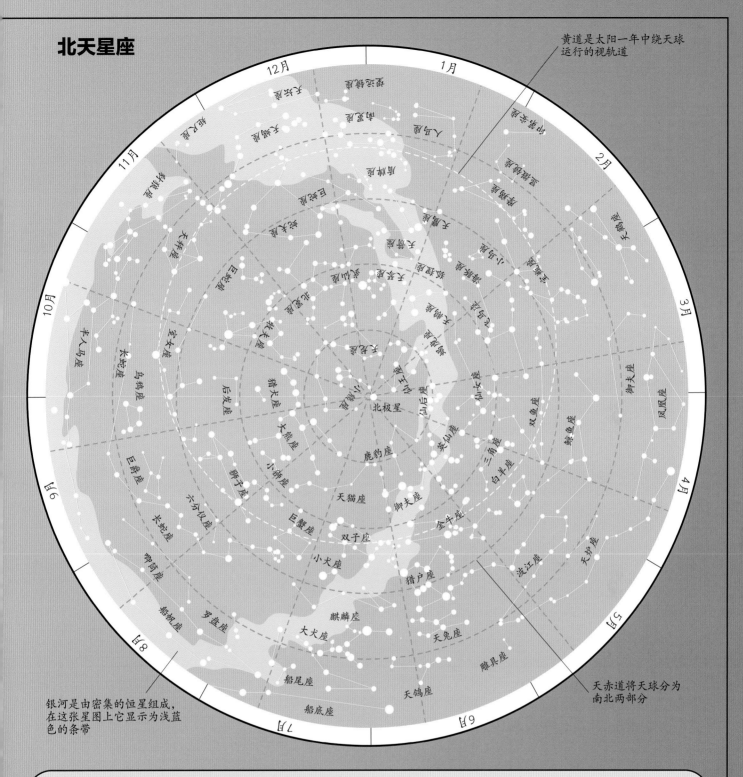

黄道是太阳一年中绕天球运行的视轨道

银河是由密集的恒星组成，在这张星图上它显示为浅蓝色的条带

天赤道将天球分为南北两部分

仙女星系

在仙女座 β 星北边，有一个肉眼可见的模糊小块，通过大型望远镜能看出这是个旋涡星系，它比银河系大，距离我们约220万光年，也是我们用肉眼能见到的最遥远的天体。

128 ▶

南天恒星

居住在南半球的观察者有些时候能看到所有的南天星座。虽然天赤道把靠近北天的一些恒星划分到北天星座，但是仍有一些能被南半球的观察者看到。居住地离赤道越近，能看到的北天恒星就越多。南天不仅有一些非常精美的星座，例如南十字座、天蝎座以及半人马座，也有许多特别耀眼的天体，比如全天最亮的三颗恒星——天狼星（属大犬座）、老人星（属船底座）以及半人马α（南门二，属半人马座）。

夜观星空
指极星

右图展现出南天景象，可以看到位于上端的南十字座，即南十字架，半人马α及半人马β位于下部。这两颗星通常被称为南指极星，它们还能与南十字座合起来确定南天极的位置。做一条半人马α及半人马β之间连线的垂直平分线（如图中所示），把它延长，然后延长南十字架的长轴，两条延长线的交点处就是南天极。

南十字座

6个世纪以前，当航海家第一次驶入南半球海域时，他们就开始利用南十字座来指引航向。上图是意大利探险家亚美利哥·维斯普切（1451—1512）正在用名叫星盘的工具来确定南十字架的位置。南十字座坐落在银河最亮的段落，有时候容易与附近的假十字混淆，假十字是由船底座和船帆座里的两对恒星组成。利用半人马α及半人马β作为指极星给南十字座定位是最好的查找方式，详情可见左边夜观星空栏中的图示。

银心

南天的银河格外明亮，它最密集的区域在人马座，因为银河系的中心就在这个方位。那里布满美丽的星团和星云，其中包括礁湖星云（见右图）。这个星云是由氢和尘埃构成的巨大波浪状云，横向尺度约30光年，由内部年轻的热星照亮。与明亮区相反的突出暗斑称为博克球状，它们是浓密的尘埃物质。这些物质正不断浓缩，将来会形成新的恒星。

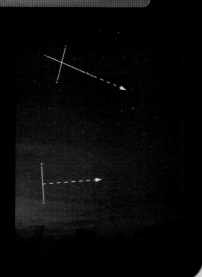

礁湖星云位于人马座东部区域

半人马Ω是半人马座中的球状星团

壮观的球状星团

南天中有两个绚丽的球状星团值得一提。一个在半人马座，如上图所示。用肉眼看来，它像一颗明亮的恒星，所以早期的天文学家称它为恒星半人马Ω。实际上，它是由成千上万颗恒星聚集成的星团，形状更接近椭圆。另一个在杜鹃座，这个华丽的球状星团距小麦哲伦云不远。

南天星座

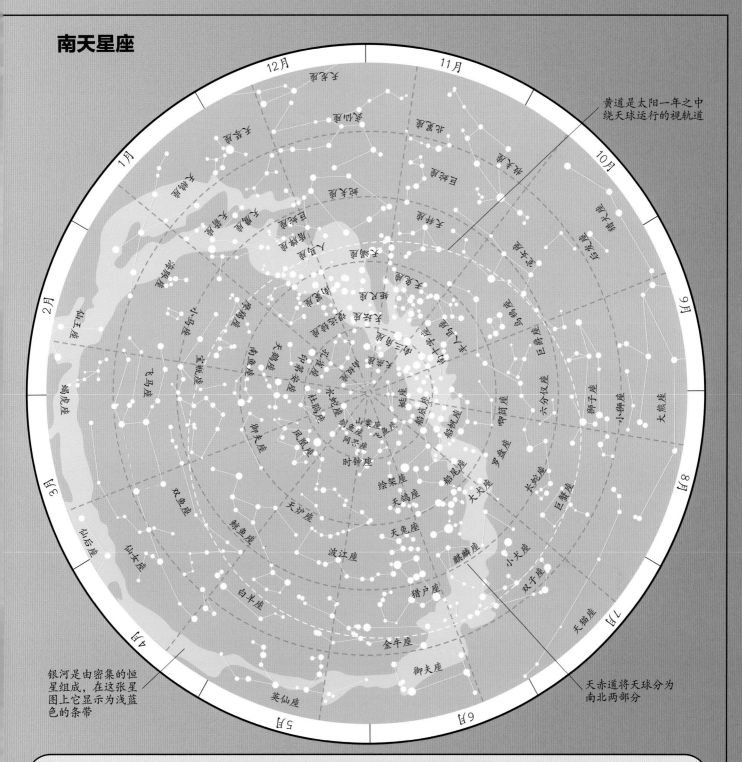

黄道是太阳一年之中绕天球运行的视轨道

银河是由密集的恒星组成，在这张星图上它显示为浅蓝色的条带

天赤道将天球分为南北两部分

麦哲伦云

费迪南德·麦哲伦
（1480—1521）

在南天极附近的天区有两个肉眼清晰可见的星系，称为大、小麦哲伦云。葡萄牙航海家费迪南德·麦哲伦于1519年至1521年航海期间，第一次较为精确地记录下这两个星系，因此用他的姓氏为它们命名。大麦哲伦云有银河系的1/5大，位于剑鱼座和山案座，体积约为杜鹃座的小麦哲伦云的两倍。这两个星系都具有不规则形状。

 129

小麦哲伦云

25

变化的星空

星空总处于不断变化之中。冬天，晚上7点时我们看到的南边天空和夜里11点时看到的并不相同。这是因为地球每天自转一圈，但在人们眼里，却好像布满繁星的天空在我们头顶盘旋了一圈（白天可以看到太阳东升西落）。地球不仅自转，每年还绕着太阳公转一圈。天空就像一个巨大的走马灯，带着星座轮转，12个月后再重来一遍。

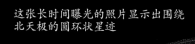

这张长时间曝光的照片显示出围绕北天极的圆环状星迹

极星

在罗盘和卫星导航系统出现之前的几个世纪，人们是靠天上的星星指引航向。在北半球，有一颗亮度适宜的恒星几乎就在北极点的正上方，见到它就表明正面向北方。人们称它为北极星或极星，古代中国人叫它勾陈一（属紫薇垣勾陈星官）。很遗憾，南天极没有类似的合适的极星。

公元2000年　　　　　公元14000年

勾陈一　　　勾陈一　　　织女星

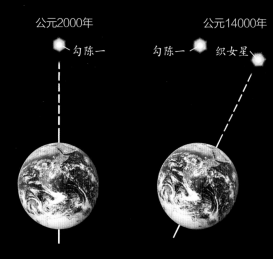

地球的摆动

北极星并不永远在北天极。大约12 000年以后，北极上方的星将是天琴座中最明亮的织女星（天琴座 α 星）。这是因为地球的自转轴并不永远指向天空的同一方向，而是极其缓慢地在空中摇摆，犹如一个晃动的陀螺。在历经12 000年后，地轴将指向织女星，而在26 000年后，地轴将返回，重新指向勾陈一。地轴的这种摆动称为岁差，产生的原因主要是月球和太阳对地球的吸引，也有其他行星对地球的影响，但这些影响非常小。

古代的极星

古埃及人建造的金字塔定位非常精确。他们利用北极上空的星使金字塔塔基精确地定位于南北方向，但那并不是现代人熟悉的北极星。当时的北极星其实是天龙座最亮的 α 星。它才是公元前2500年前后建造金字塔时地轴所指向的极星。

建造于公元前2500年的哈夫拉金字塔是埃及吉萨三座大金字塔中的第二个。有推测认为，设计者有意识地使这三座金字塔对准猎户座腰带部位的三颗恒星（参见第96页）

四季变化的恒星

随着月份的推移，不同的星座轮流出现在夜晚的天空。猎户座出现在1月，临近6月时便消失了。这是因为地球围绕太阳以一年为周期运转，它背朝太阳的黑夜所对天球的区域会逐夜出现微小的偏移。几周后，变化很明显。几个月后，星空看起来就大不相同了。

1月（见上左图）星空图所示的星座是（图中顶部，自左至右）小犬座、麒麟座、猎户座、波江座；（底部，自左至右）船尾座、大犬座、天兔座。6月（见上右图）星空图所示的星座是（顶部，自左至右）蛇夫座、巨蛇座、室女座；（底部，自左至右）天蝎座、天秤座、长蛇座

家庭实验
自制平面星图

平面星图能显示任何日期和钟点的恒星。首先，把面盘边缘上夜间钟点刻度与底盘边缘上日、月刻度对准；窗口内显示的就是所选时刻的星空。平面星图的底盘是一张星图，你也可以利用本书中第23页（北半球）或第25页（南半球）的星图自己复制一张。需要描图纸、星图、铅笔、直尺、胶水、圆规、剪刀、2张彩色卡片、1张摄影胶片以及一个固定纸盘用的紧扣。

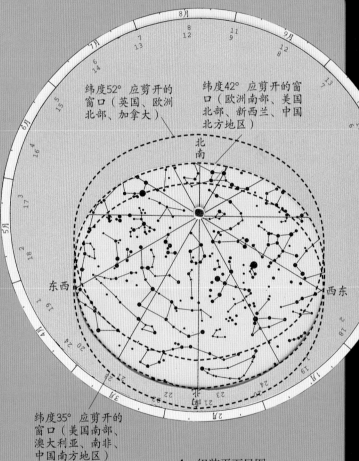

纬度52°应剪开的窗口（英国、欧洲北部、加拿大）

纬度42°应剪开的窗口（欧洲南部、美国北部、新西兰、中国北方地区）

纬度35°应剪开的窗口（美国南部、澳大利亚、南非、中国南方地区）

1. 制作底盘
把描图纸（半透明的）覆盖在星图上，描摹星图。将星图的圆周分成12等份，标出月份，再将每个月份内分为4等份大致表示周（7天）。把描好的星图粘贴在一张卡片上。用圆规在描好的星图上画一个圆，细心地把这个图形剪出来。这样，平面星图的底盘就制成了。

2. 制作面盘
在另一张卡片上画一个圆，略小于底盘，把它剪出来，此圆就是平面星图的面盘。把面盘覆盖在底盘上，要使底盘边上月份的标记露出来。然后在面盘的边缘标出24小时刻度，要按右图中所示的样式去做——内圈刻度是北半球用的，外圈的刻度是南半球用的。

3. 剪开窗口
在面盘上剪开一个窗口。窗口的位置取决于使用者居住地所在的半球以及所在的纬度。必须注意的是：上图中用虚线所画的窗口是适用于不同纬度的。选定适合你居住地的一个窗口，照图复制它，然后剪出窗口。把透明胶片粘贴在面盘背面。加上方位标记（内圈标记适于北半球，外圈适于南半球）。

4. 组装平面星图
在面盘和底盘中心各打一孔，然后把紧扣穿过面盘和底盘中心孔，加以固定。平面星图就可以使用了。

5. 拨找恒星
使用平面星图，要转动面盘使其边缘上的时间刻度与底盘上的日期刻度对准。然后观看窗口，它显示的恒星就是你此时在夜空中看到的恒星。请见第23页以获得更进一步的相关知识。

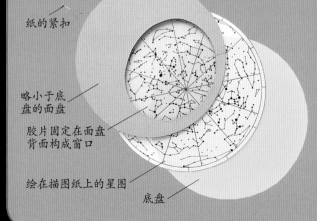

纸的紧扣

略小于底盘的面盘

胶片固定在面盘背面构成窗口

绘在描图纸上的星图

底盘

探索宇宙

人类自 20 世纪 60 年代开始探索宇宙空间。1961 年 4 月 12 日，苏联航天员尤里·加加林成为人类进入空间轨道飞行的第一人，而进入空间轨道的第一个美国人是 1962 年 2 月 20 日上天的航天员约翰·格林。当时，还没有人知道人的身体能否承受空间飞行产生的重力——由发射升空时急剧增长的加速度引发的超重以及接踵而来的轨道飞行中的失重。现在人们已经知道，人类能够适应空间旅行。一些航天员已经在太空度过了一年或更多的时间，另一些航天员甚至登上了月球。而今，去火星的计划也在进行中。

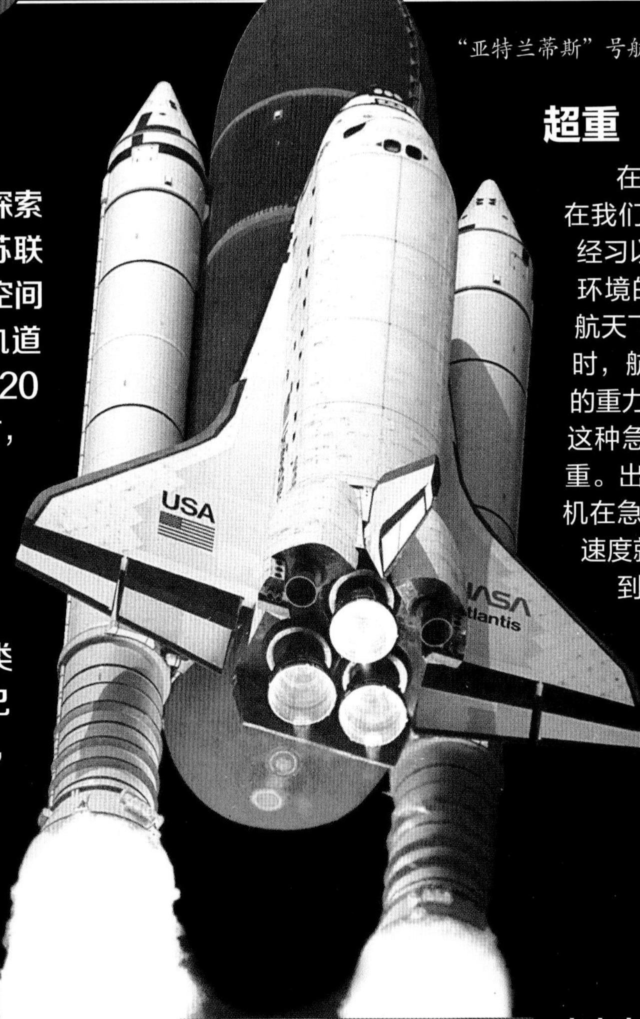

"亚特兰蒂斯"号航天飞机发射升空

超重

在地球上，我们对作用在我们身体上向下的重力已经习以为常。地面标准重力环境的重力常称为 1G。当航天飞机从发射台点火升空时，航天员会感到超过 3G 的重力向下拖拽他们的身体。这种急增的过载重力称为超重。出现超重是由于航天飞机在急剧地加速，15 分钟内速度就从在地面时的零猛增到 2.8 万千米每小时。航天员被重重地压在航天飞机座椅上，身体变得异常沉重，好像地球的引力突然增大了。

太空穿梭

"发现"号航天飞机（见左图）准备与国际空间站对接。航天飞机是一种令人惊奇的飞行器，它像火箭那样垂直起飞，像宇宙飞船那样沿轨道运行，像飞机那样返航，并在跑道上着陆。航天飞机由轨道器、外挂燃料箱和固体火箭助推器三部分组成，轨道器长 37 米，翼展约 24 米。"发现"号航天飞机从美国佛罗里达州肯尼迪航天中心发射，该中心是 20 世纪 60 年代为登月任务而建造的。

微重力

当宇宙飞船运行在轨道上时，便开始处于一种自由落体的状态，向着地球下落。但由于飞船具有高速水平飞行速度，克服了重力的影响，因此总能保持在相同的高度。在舱内，航天员以及所有物品和航天飞机一样既高速水平飞行，也在自由下落。这样他们对飞船便没有压力，这种情况称为失重或微重力。上图所示是美国航天员苏珊·斯蒂尔正在执行考察微重力的任务，她毫不费力地飘浮在空间站的实验室里。

美国航天员杰瑞·罗斯正在组装国际空间站

太空行走

航天员有时需要离开宇宙飞船到太空中工作。这种舱外活动称为太空行走。进行太空行走时，航天员必须身着舱外航天服，舱外航天服能供给航天员氧气，保护他们不受太空中有害射线的损害。组装国际空间站需要进行多次漫长的太空行走。

在微重力环境中旅行会通过哪些方式对人的身体产生影响？对这些影响的研究称为空间医学。抽取血样（见左图）是这种研究的常规检查。失重的一个直接影响是它会造成人内耳的平衡器官混乱，使大多数航天员在头几天出现运动病。在失重状态下，人体的血液会重新分配，这会使航天员脸发胖腿却变细，肌肉萎缩是因为腿部不再与重力对抗了。更令人担忧的是，还会出现骨质疏松。

家庭实验
看得见的重力

　　航天员在太空飞行时，能体验到作用在身体上的重力的巨大变化。在发射过程中，飞船高速上升（高 G），他们的身体被使劲压向飞船座舱，于是感到超重。进入轨道后，他们的身体和飞船同样处于自由下落状态（0G），便出现了失重。在本实验中你能看到向上和向下的运动如何影响秤盘的读数。请准备一架盘秤、水果。

1. 将水果放在秤盘上，看清秤上显示的读数（中图）。

2. 猛然向上移动秤，你会看到读数增加了（上图）。这是因为你增大了水果对秤盘的压力。

3. 再猛然向下移动秤，你会注意到读数比静止时低了很多（下图）。出现这种状况是因为水果和秤盘一起向下加速运动，水果对秤的压力大大减轻。

太空体育锻炼

　　长期驻留太空的航天员需要进行有规律的体育锻炼，来保持肌肉的活力。通过运动，长期工作在太空的航天员们都保持了健康的身体。在国际空间站上，俄罗斯航天员尤里·乌萨切夫（见右图）正在脚踏车测力器上进行锻炼。不过在失重状态下进行脚踏运动时，航天员必须把腿部固定住，否则根本无法踏动踏板。

国际空间站

　　1998 年开始建造的国际空间站是一个多国协作的项目，这些国家包括美国、俄罗斯、日本、加拿大及欧洲一些国家。美国国家航空航天局监督空间站的建造，并提供大量的材料及设备，包括实验室和居住舱。欧洲和日本提供实验舱，加拿大为空间站配备了搬运机器人。所有设备都是由美国的航天飞机和俄罗斯"质子"号火箭运送的。2011 年 12 月，国际空间站完成全部组装工作。

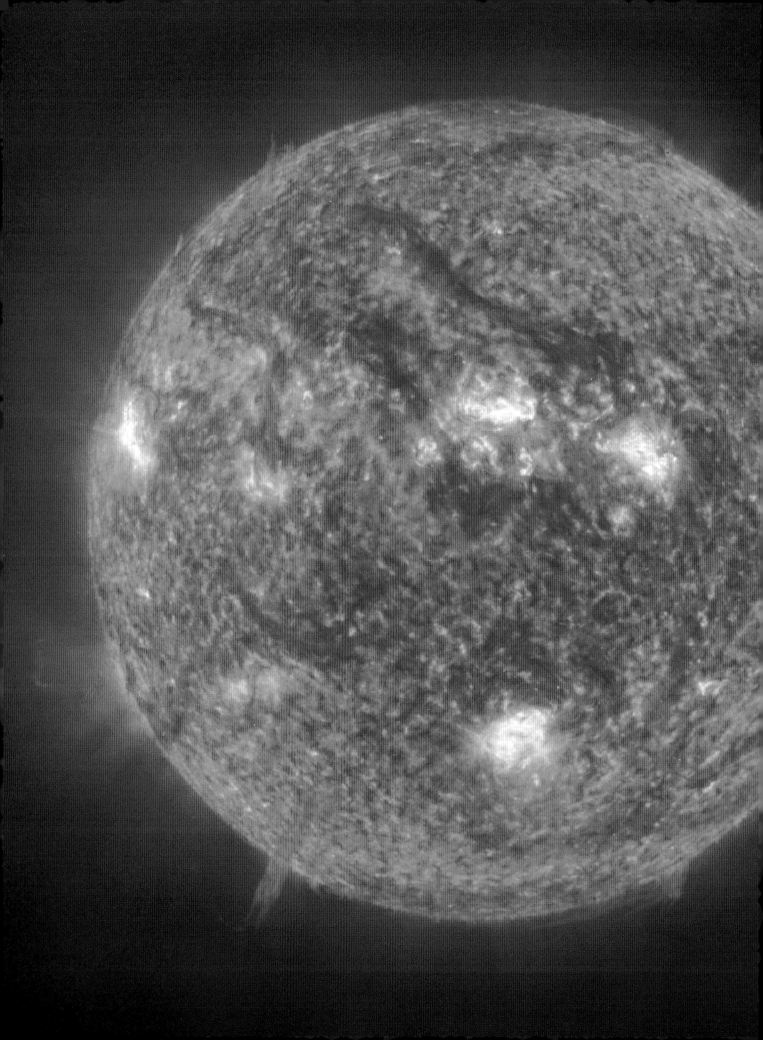

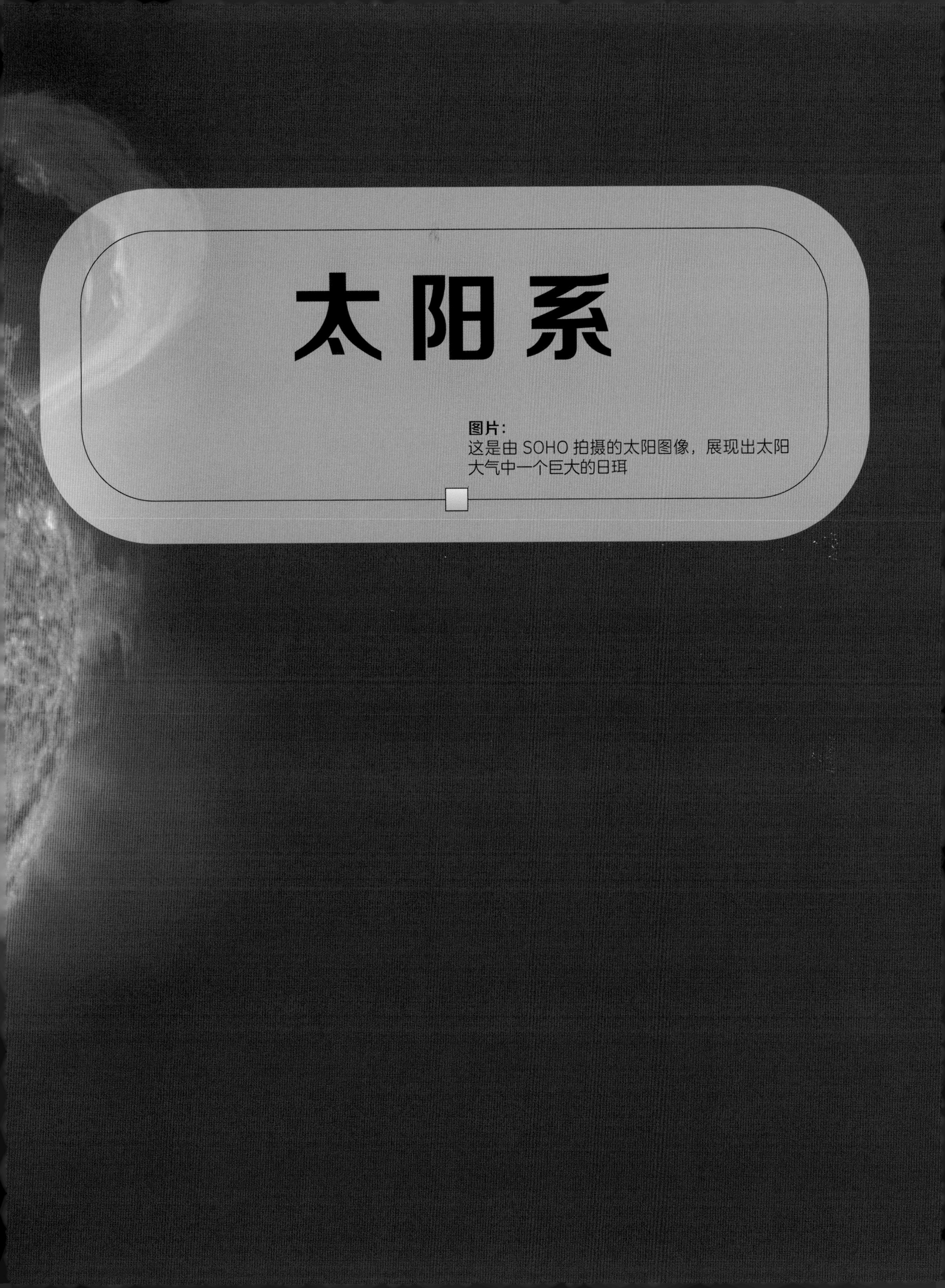

太阳系

图片：
这是由 SOHO 拍摄的太阳图像，展现出太阳
大气中一个巨大的日珥

"太阳帝国"

太阳系是在太阳巨大引力作用下形成的天体系统。太阳约占有其已知质量的 99.8%，因此在太阳系中它是最大最具影响力的天体。它巨大的引力统治着 8 颗在固定轨道上围绕它公转的行星。一些行星有不同数量的卫星相伴，行星之间有成群的岩质小行星，由冰层包裹的彗星穿行在太阳系中。此外还有由太阳风吹出的尘埃和各种微粒子等。

轨道的世界

太阳和行星是由数十亿年前旋转的气体云团坍缩而形成的。行星、小行星以及彗星围绕太阳运转，光环和月球围绕自己的行星运转。它们都有各自的轨道，轨道是天体在太空中行走的路径。在轨道上，天体的惯性与来自更大质量天体的引力达到了完全的平衡，因此在轨道上运行的天体既不会随意飞进太空，也不会向着它围绕运转的更大天体跌落。太阳系内的天体运行接近太阳时，会加快自己的速度，结果便是这些天体中的绝大部分都具有椭圆形的轨道，天然的圆形轨道非常罕见。

太阳系中的天体因为生成时所在区域不同而含有不同的物质成分。一般来说，离太阳较近的天体大都由尘埃和岩石构成，而较远的含有更多的气体和冰。

行星的特征

行星大体分为两种类型：距离太阳较近的是小而坚固的岩质行星，距离太阳较远的是由气体或液体构成的巨大行星。岩质行星的表面崎岖不平，这是由各种内部和外部的力共同作用导致的。岩质行星都有流星撞击的陨石坑和地下熔岩喷发形成的火山口。金星、地球和火星还有厚厚的大气层，大气层也影响着它们的演化。

巨行星彼此之间十分相似，自转速度较快，被彩色的云带围绕，大气层中都会产生巨大风暴。所有巨行星都有光环，各自拥有众多卫星，这些卫星表面大部分都有被流星重创过的斑痕。

两种极其不同的世界，岩质的地球（左）与巨大的海王星（右），都在我们太阳系内围绕太阳运转

公元前270年
古希腊萨摩斯岛的天文学家阿利斯塔克提出地球可能是绕太阳运行的。

约公元150年
天文学家托勒密提出了地心体系。

1543年
尼古拉·哥白尼著作《天体运行论》发表，日心体系确立。

1609年
约翰内斯·开普勒提出行星以椭圆轨道围绕太阳运转的现象（行星运动椭圆定律）。

1705年
埃德蒙多·哈雷提出一些彗星遭循椭圆轨道并能周期返远回（发现周期彗星）。

1796年
皮埃尔·西蒙·拉普拉斯提出太阳系起源于一个坍缩的气体云团（星云假说）。

1801年
第一颗小行星（现归为矮行星）谷神星被店塞佩·皮亚齐发现。

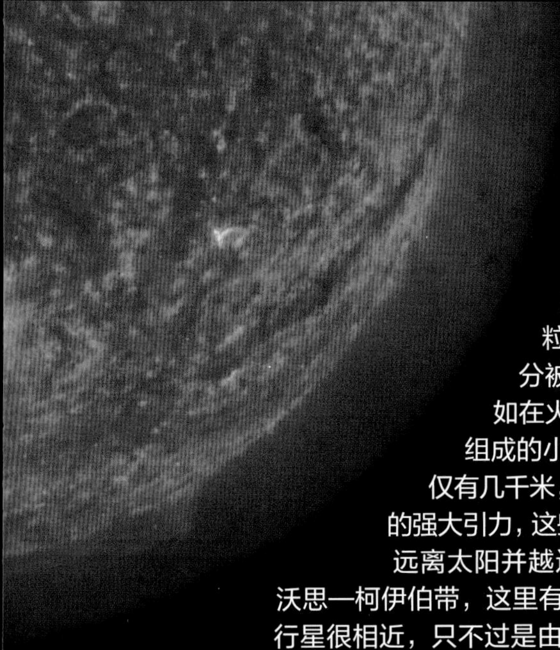

带和云

在太阳系 8 颗大行星与它们的卫星之间，还存在几十亿个旋转的天体，它们属于太阳系的次要成员，其中包括极为细小的尘埃颗粒和小行星。这些小天体中的绝大部分被限制在太阳系内某些区域运行。比如在火星与木星之间就有一条由石质天体组成的小行星带，其中大多数小行星的直径仅有几千米，但也有少数体积相当大。由于木星的强大引力，这些小行星不能形成更大的岩质行星。

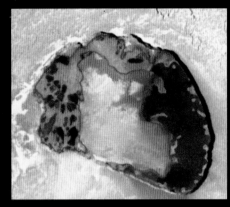

图中是木星的卫星木卫一上一个火山坑内熔岩与含硫物质在互相反应

远离太阳并越过海王星，就是油炸面圈形的埃奇沃思—柯伊伯带，这里有数不清的冰冻小型天体。它们和小行星很相近，只不过是由水结成的冰以及其他冻结的化学成分构成。远在它们被发现之前，柯伊伯带中最大的天体冥王星就被发现了，它曾经被当成行星，现在被归为矮行星。比柯伊伯带更远的是奥尔特云，这是一个假想的球体云团。天文学家认为奥尔特云是 50 亿年前形成太阳及其行星的星云残留的物质，它距离太阳超过一光年。

在这幅由SOHO拍摄的太阳图像中，最炽热的区域是白色的

太阳系的"流浪汉"

彗星和流星就像太阳系的流浪汉。彗星实际上是一个个"脏雪球"，有人认为它们来自奥尔特云或柯伊伯带，它们向太阳系内长驱直入。当它们冰冻的表面在强烈阳光照射下汽化时，会呈现出壮观的奇景。轨道接近地球的近地小行星比较少见，它们有些可能是被小行星带甩出来的，有些可能是消亡彗星的残余物。这些微小的岩石在与地球相交的轨道中运行，一不留神就会闯入地球成为流星。

高悬于地平线之上的海尔-波普彗星，它后边拖着一条数百万千米长的尾巴

1845—1846年
在数学家约翰·柯西·亚当斯和奥本·勒威耶先后计算出轨道的前提下，海王星被发现。

1930年
克莱德·威廉·汤博发现冥王星。

1950年
简·亨德里克·奥尔特提出奥尔特云的推断。

1951年
杰拉德·柯伊伯预言柯伊伯带的存在。

1962年
水手2号成为第一个飞往其他行星并发送信息回地球的探测器。

1986年
乔托彗星探测器乔托从哈雷彗星的彗核边飞过。

1992年
哈勃空间望远镜发现第一个柯伊伯带天体。

2000年
近地小行星交会探测器NEAR进入绕小行星爱神星飞行的轨道，一年后在爱神星着陆。

2006年
第26届国际天文学大会中确认了矮行星的新谓与定义，冥王星被降为矮行星。

绕着太阳转

太阳系是太空中太阳占绝对优势的一个区域，来自太阳的热、引力、光及粒子控制着这个极为广阔的区域。它延伸的距离相当于到地球最近的一颗恒星（半人马座比邻星）路程的1/4。地球是太阳系的八大行星之一，它沿着固定的轨道绕着太阳转。在行星之间，无数小行星和彗星也同样绕着太阳转。

太阳系鸟瞰图
（未按实际比例）

水星
太阳
火星
小行星带
冥王星
木星
天王星

行星的轨道

虽然天文学家经常说天体绕着"圆"轨道运行，实际上轨道很少是标准的圆形，大部分行星的轨道都是椭圆形的。椭圆有长轴和短轴，长轴上有两个焦点，位于中点两侧，太阳就在其中一个焦点上。行星沿轨道运行时，离太阳时近时远。轨道靠太阳最近的点称为近日点，最远的点称为远日点。行星接近近日点时，公转速度比较快，在远日点时公转速度比较慢。

引力与行星

图中这些人在"死亡之墙"上奔跑而不掉下去，是由于他们奔跑的速度产生的惯性平衡了地球的重力。同样道理，行星绕轨道高速运行，所以它们不会向太阳坠落。太阳的引力也拉住它们，不让它们离开自己。

12 ▶

黄道

太阳系的形状犹如一个圆盘，所有行星的轨道绕着太阳的赤道。虽然有些行星的轨道稍有倾斜，但大致都处在一个平面上。我们可以在此平面上画出一条想象中的大圆线，这就是黄道。在地球人眼里，太阳每年沿着黄道走一圈。

自左至右，金星、月球和木星沿黄道依次排列

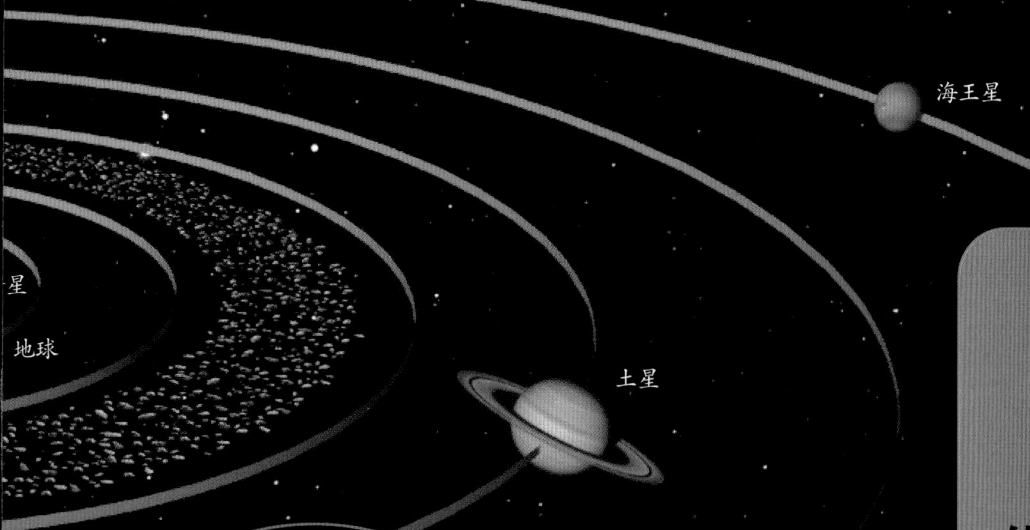

海王星

土星

星

地球

约翰尼斯·开普勒
（1571—1630）

16、17世纪时的天文学家认为，所有行星的轨道必定是精确的圆。这给日心说带来了不少问题。在望远镜发明前，德国天文学家约翰尼斯·开普勒利用对行星位置的准确测量记录，创立了行星运动三定律。他认为行星运行的轨道是椭圆而不是圆形的。三定律揭示了太阳系的真实特征，也为牛顿万有引力定律的发现铺平了道路。

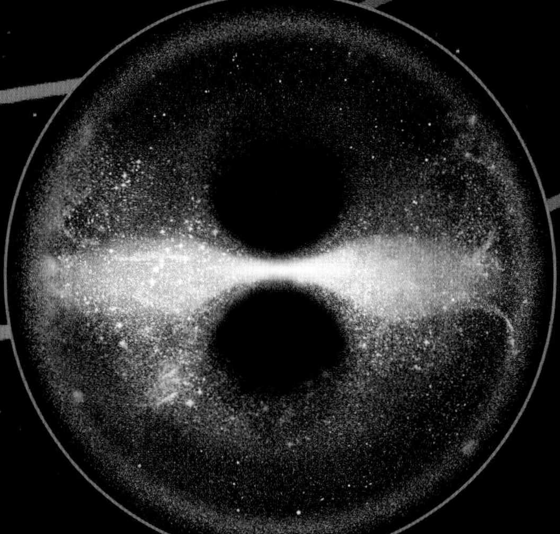

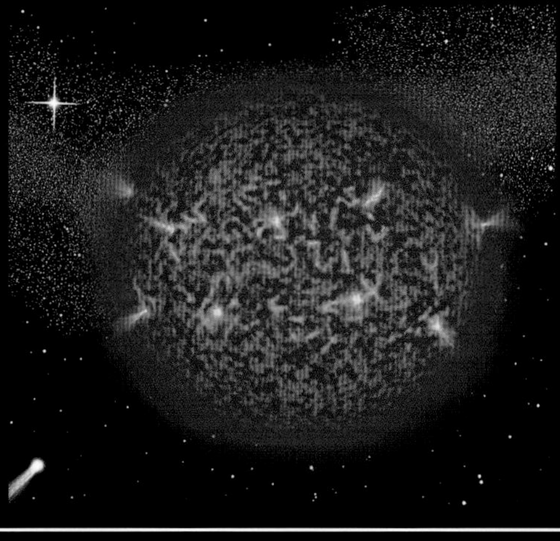

复仇女神

是否有其他的大行星潜伏在太阳系更远的边缘？天文学家曾发现海王星的轨道不太正常，认为有另一颗大行星在影响它。但1989年"旅行者"2号掠过海王星，精确测量了海王星的质量，纠正了轨道异常之说。之后的探测和计算表明，冥王星外存在另一大行星的说法没有任何证据。还有一种理论认为太阳有个暗藏的伴星——一颗轨道运行周期长达数百万年的暗褐矮星（见左图）。他们将此暗星命名为内米希司（希腊神话中的复仇女神）。

太阳系的边界

哪里才是太阳系的尽头呢？天文学家曾经认为是在冥王星的轨道处。后来他们发现冥王星之外还有很多冰冻的小天体（参见第50页）。有些天文学家确信太阳系的边界位于"太阳风层顶"，即冥王星之外更远的某处，太阳风与来自10亿颗恒星的风在那里交会。一些天文学家认为太阳系一直延伸到奥尔特云（见上图）——一个直径约2光年的球体云团，被太阳引力疏松地控制着。

太阳与行星的形成

太阳是大约 50 亿年前由一个星际气体及尘埃的云凝聚而成。气体
和尘埃不断凝聚，中心越来越热，终于有一天发生了剧烈反应，
放射出巨大的光和热——原始太阳诞生了。5 亿年后，太阳
周围的尘埃和气体组成了一个扁平的圆盘，又凝聚成一
个个行星。相对于对行星形成过程的研究认知，天
文学家们更了解太阳是如何形成的，因为他们观
测过太多恒星的诞生和消亡了。然而，目前望
远镜的功能，尚不足以支撑观测任何一颗
正在围绕恒星形成的行星。

太阳星云

在太阳形成的假说中，有一种观点认
为生成太阳的星云来源于上一代恒星，主
要物质是氢和氦，还有相当数量的重元素
和尘埃。50 亿年前，某种原因引发了星云
的坍缩。这可能是由于另一颗恒星的逼近，
或者是来自附近一颗超新星爆发的冲击波。
随着星云的凝聚，它展平成一个圆盘，而在中
心处有一个庞大的气体球——太阳。

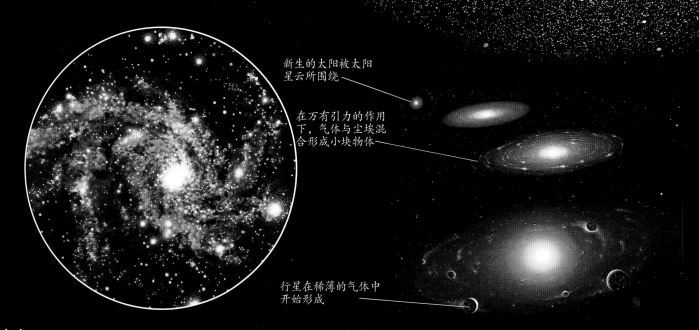

新生的太阳被太阳
星云所围绕

在万有引力的作用
下，气体与尘埃混
合形成小块物体

行星在稀薄的气体中
开始形成

点火

在将要变成太阳的气体云向内部坍缩时，它开始把更多的
物质拖拽到自己内部。最终，气体云中心变得特别炽热与浓密，
以致发生核聚变，释放出巨大的能量。太阳点燃后发射出强烈
的光芒，就像这个星系旋臂中刚生成的明亮的恒星。

变稀薄

年轻的太阳发出的辐射穿过太阳星云的残留物喷发而出，把
残存的少量气体吹走。太阳系内迅速变稀薄，主要留下被称为粒
子团的尘埃粒。离太阳较远的区域，辐射比较弱，因而气体能够
长久存在，直到被后来形成的巨行星吸引，构成行星厚密的大气层。

展成圆盘

天文学中的许多现象都涉及展成圆盘的演化过程，从围绕行星的光环到物质落入黑洞都与此有关。此实验显示为什么物质云会展平成为圆盘。请准备玻璃杯、热水、茶叶、细筛、汤匙。

1. 在盛有热水的玻璃杯中泡入一些茶叶。等叶片泡开后，用细筛将茶叶过滤几次，直到所有茶叶（象征星云的碎片）都沉入杯底。用画 8 字形的方式搅动杯中的水。

2. 观看叶片互相碰撞以及沉落时是如何运动的。有时它们不规则地落下，但通常会形成一个圆堆（见右图）。当朝相反方向运动的叶片碰撞时，它们只能沿玻璃杯运转。最后所有的叶片都盘旋在环绕杯子中心的"轨道"中。

确定太阳系的年龄

确定太阳系起源的主要方法是测量岩石中放射性元素的衰变。岩石在太阳星云中形成，含有相同的各种元素成分。有些元素由于放射性衰变会变成其他元素，例如放射性元素铀经过几亿年，会有一半变成元素铅。经过对来自太空的陨石中的铅元素和铀元素的比例进行一系列测量和对比，科学家大致算出了太阳系的年龄。

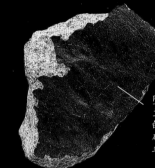

坠落于英格兰巴尔韦尔的陨石，经确定为46亿年前形成的

吸积的残余

即使在今天，并非全部来源于太阳星云的物质都被吸引。剩余物质中的较大块形成了小行星和冰冻小型天体（参见第 46~47 页），而较小的尘埃粒越过太阳系盘面四处分散。这种物质散射太阳光则产生黄道光，即沿黄道（地球绕太阳运行的路径）向上伸展的微弱光锥。日出前的东方或日落后的西方均可看到较强的黄道光。

行星的形成

经过数千万年，太阳系内的粒子团开始成群聚集并且互相粘连，这被称为吸积过程。终于，数十个天体，即原始行星，变大到它们的引力足以从周围拖入更多的物质。最后，这些原始行星中的一部分经过碰撞形成了类地行星。在 5 亿多年中，流星不断撞击年轻的行星，使得它们的表面一直处于炽热和熔化的状态。

行星

太阳系的行星分别属于两种不同类型。靠近太阳的岩质行星有水星、金星、地球和火星。这些行星体积相近，都有坚硬的岩石外壳和相对浅薄的大气层。距离更远处，小行星带以外的巨行星有木星、土星、天王星和海王星，它们都比地球大许多倍，也有石质的内核，外表被巨大的气体和液体包裹。

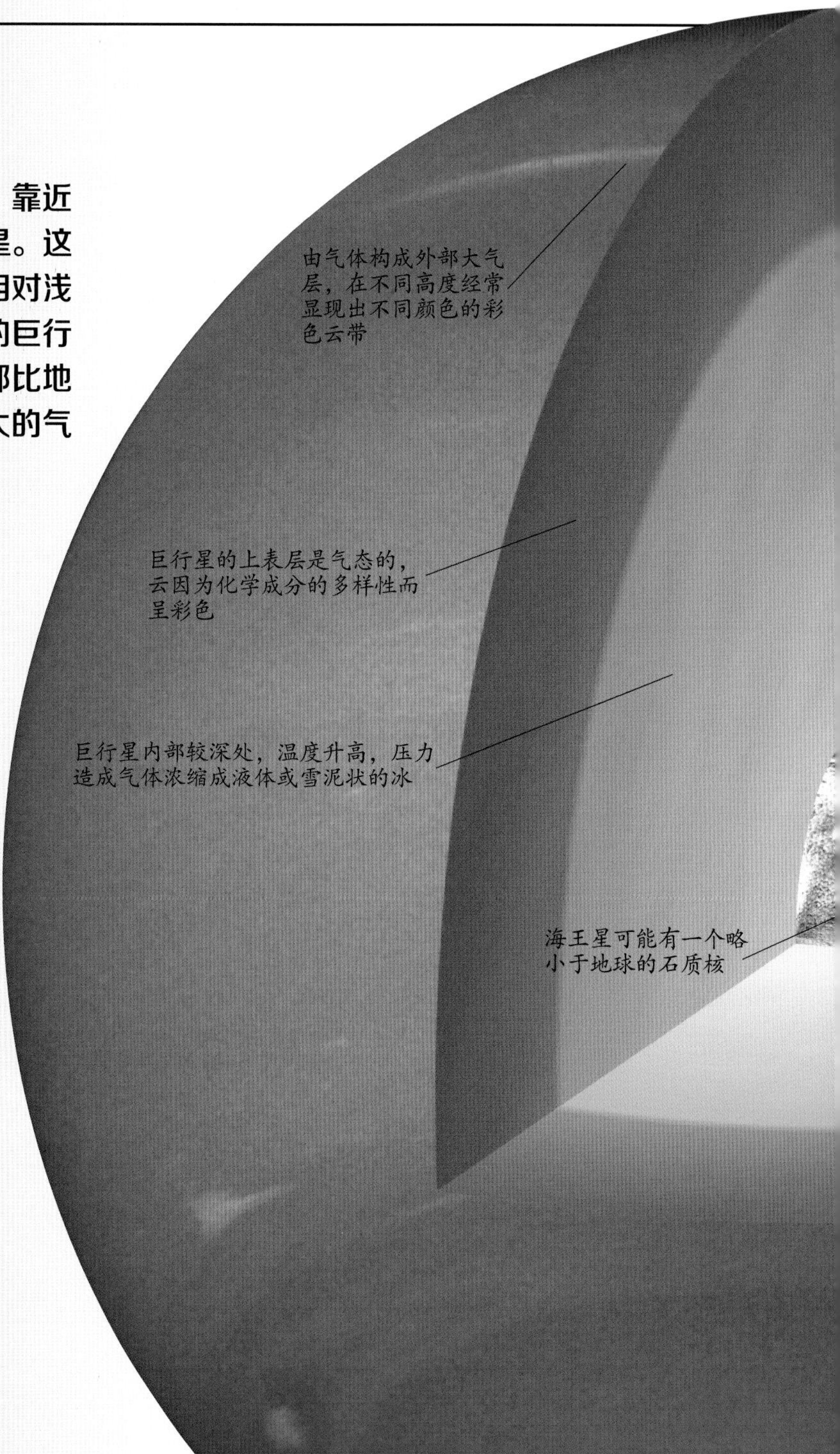

由气体构成外部大气层，在不同高度经常显现出不同颜色的彩色云带

巨行星的上表层是气态的，云因为化学成分的多样性而呈彩色

巨行星内部较深处，温度升高，压力造成气体浓缩成液体或雪泥状的冰

海王星可能有一个略小于地球的石质核

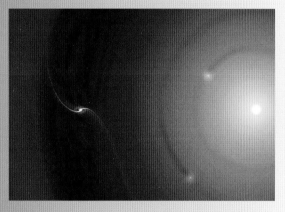

成因

两种类型的行星如何形成？这取决于它们与太阳的距离以及太阳形成后气体云剩余物的状态。靠近太阳容易熔化的物质，比如冰融化后蒸发成的气体，大都被太阳风吹走，留下了岩石物质，形成类地行星。远离太阳的地方，引力比较弱，温度较低，冰与大量气体幸存下来形成了巨行星，如上图所示。

岩石中的放射性元素把地球岩质行星内部加热

地核主要含有铁和镍，中心可能是固态的

地幔中黏稠的液态物质向外传递热量

地球的外壳是一个平均厚度十几千米的固体层

石头世界

碰撞使岩质行星产生热，行星越大，热度越高。在形成过程中，岩质行星不断升温使得岩石熔化。熔化的物质逐渐分离成层，重的沉降到中心形成金属核。在地球内部，这个核被熔化的岩石构成的地幔包围，地幔能够通过对流把热带向上方坚硬的地壳。那些岩质的小行星丧失热量较快，内部层次分离得也不清晰，且它们的核可能已经冷却到完全凝固。

如果你能找到一个足够大的水盆，那么土星必定和杯中这个网球一样漂浮着

水星必定像这个钢球一样下沉

体轻又活泼的氢分子受引力影响较小，所以能逃逸到行星大气层以外

巨行星

在巨行星内部，例如海王星，分子四处运动，较重的分子向行星的中心沉降形成层。在可见的表面之下几百千米处，压力急剧升高，迫使气体浓缩成液体。这种内部的高压将整个行星加热。实际上，大部分巨行星内部产生的热比从太阳获得的还多。热从行星中心到外层的对流，可能是形成巨行星表面条带状云层的原因。

密度的反差

巨行星的体积和质量都比岩质行星大得多。由于巨行星的质量分散在如此庞大的体积中，所以它们的平均密度反而比岩质行星要小很多。水星主要是由金属铁构成的，聚集在相对较小的体积中，而土星却仅有比较轻的分子分散在庞大的体积中；因此水星的密度比土星大将近 7 倍。假如把它们放在水中，土星会漂在水面，水星却会沉底。

较重的分子运动缓慢，受到引力影响较大，造成它们向行星的中心汇聚

家庭实验
旋转加速

在行星形成过程中，随着它们吸引的增加，自转速度也在增加。这个过程是可以亲身体验的。请准备两本厚书和一把转椅。（本实验需要成年人在场指导。）

1. 坐在椅子上，双手各拿一本书。伸直拿着书的双臂，使自己旋转起来。如果没有转椅，可以双手持书站立并旋转。注意要有足够的活动空间。

2. 一旦旋转起来，把书收回使它们紧贴身体，你会感觉旋转加快了。你可以体验再把手臂伸出去的感觉。

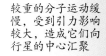

氢与引力

巨行星以宇宙中最轻的元素氢为主要成分，氢的比例占到 80% 以上。巨行星强大的引力能够抓牢这种轻而活泼的分子。在巨行星内部，氢能够浓缩成液态甚至能够分裂为单原子。在像地球这样的行星上，由于引力相对较弱不能留住大量的氢，这就是为什么较重的氮气分子成为地球大气主要成分的原因。

陨星坑和火山

巨大的宇宙流星体和尘埃碎块可能会脱离自己的轨道，冲向行星，撞出巨型陨星坑。这些碰撞把地表层的物质翻起来，辐射状地抛向四周。火山爆发能造成熔岩喷射，熔化的岩浆溢出，覆盖周围地表，冷却后形成新的岩石带。毫无疑问，碰撞和喷发是改变行星地貌的两个主要推手。在地球上，风、水的侵蚀以及地壳运动把很多陨星坑和火山喷发的遗迹掩盖了起来。而在其他天体上，陨星坑和火山喷发的痕迹仍然清晰可见。

碰撞

当"天外来客"撞击行星时，就会形成陨星坑。高压冲击波从撞击点传出，把四周的岩石迅速加热熔化。冲击波会使陨星粉身碎骨，熔化的岩石会飞出陨星坑如雨点般降落，形成第二代陨星坑。冲击波激起的细小物质像薄薄的尘埃毯覆盖着该区域。

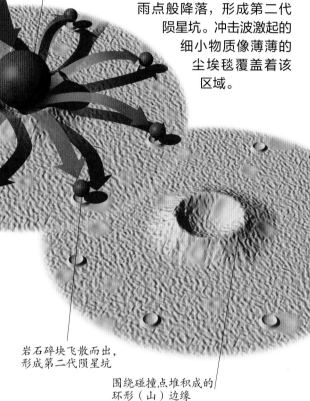

一颗陨星向天体表面冲下来

岩石碎块飞散而出，形成第二代陨星坑

围绕碰撞点堆积成的环形（山）边缘

窥视行星内部

陨星坑周围到处是被撞出的地表下面的岩石。最先从陨星坑中被弹出的物质最先落回地面，覆盖了很大的一片区域。来自深层的岩石紧跟着会落在它们上面。这样一来，便造成地表层的"内外翻转"。这对天文学家探明被撞天体表层以下的物质成分有很大帮助。

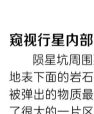

木卫三表面的陨星坑，周围是坑内物质喷出时形成的辐射线

根据陨星坑测定年代

任何行星的表层必定比陨星坑先形成。天文学家利用这一事实来测定行星表层形成的年代。月岩样品表明，38亿年前月球陨星坑的出现非常频繁，此后慢慢减少。因此陨星坑最少的表层就是最年轻的。

家庭实验
制造陨星坑

月球的表面显示出重叠陨星坑的现象。这是因为较小的陨星跟在大陨星后边，先后撞击月面时，在大陨星坑中又出现了小陨星坑。在本实验中可以自己制作月球表面。请准备托盘、细砂、各种型号的球。

1. 先用细沙填满托盘并抚平表面。

2. 抛掷最大的球造出细砂中的大陨星坑。取出大球，再抛掷较小的球产生重叠陨星坑的现象。

月面上的陨星坑

重叠的月球陨星坑

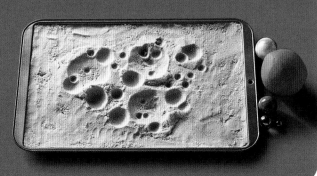

喷发

火山从较大的天体内部释放出炽热、熔融的物质。地下压力迫使炽热的熔融物质向上到达表层，通过薄弱处的出口喷发到地面。有时熔融物质不能溢出地面，导致压力增大致使火山最后爆发。在地球上，我们最熟悉的是圆锥形的火山和带来地热的间歇喷泉（喷发热水、气流），而其他天体则显现出火山类型的多样性，既有火星上底部宽大而坡度平缓的盾形火山，又有海王星卫星海卫一上那种独特的冰间歇喷泉。

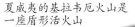

夏威夷的基拉韦厄火山是一座盾形活火山

熔岩的景观

固化的熔岩覆盖着金星85%的表面。上图所示为金星上最高的火山玛亚特山，周围是广阔的熔岩平原。这些熔岩平原是熔融的岩浆向上由长裂缝涌出后，流向较低区域而形成的。约5亿年前火山喷发后由熔岩形成的岩石几乎覆盖了整个金星表面。这种岩石把大部分陨星坑填满，因此在金星上很难见到陨星坑。一般来说，陨星坑越少，天体表面的岩石就越年轻。

据信，有冰间歇喷泉在恩克拉多斯（土卫二）上喷发

冰火山

火山并不是只会喷发岩浆，在巨行星的冰质卫星上，火山会以间歇泉的方式喷发出半融化的冰和水的汽化物。土星的卫星恩克拉多斯（土卫二）上就存在冰间歇喷泉，它周期性地喷发，使周围的地表都被冰雪覆盖，因此看上去它具有太阳系卫星中最明亮的表面。

家庭实验
制作火山模型

当内部压力增大迫使岩浆冲向顶部时，火山便开始喷发。本实验利用醋和小苏打混合来创造一座火山。醋和小苏打发生化学反应时会产生二氧化碳，它能使混合物发泡向上涌出，犹如熔岩。准备好旧报纸、托盘、橡皮泥、小瓶、与瓶颈适合的漏斗、小苏打、量杯、白醋、食用色素。该实验需要家长参与指导。

1. 用旧报纸遮盖桌面，将托盘放在桌上。在托盘内，用橡皮泥围着小瓶子捏出火山的形状，如下图那样。在橡皮泥火山顶留出缝隙。用漏斗把小苏打倒入瓶中。

2. 在量杯中，把白醋和适量的食用色素混合在一起，然后把混合物从火山顶部的缝隙中注入。当醋和小苏打进行化学反应时，色彩鲜亮的"熔岩"就会从"火山"中喷发出来。

行星大气

大气层对岩质行星和卫星的演化极为关键。大气层有利于调控温度，可以保护天体表层不受流星的碰撞，甚至还能对固态天体的地质产生影响。只有引力足够大的天体才能够留住大气层。在太阳系中，金星、地球、火星以及卫星中的土卫六具有足够大的质量，因此它们能保持厚实的大气层。对于巨行星比如木星来说，由于它没有固态表面，因此"大气"是用来形容包围其液态地幔的外部气体层。

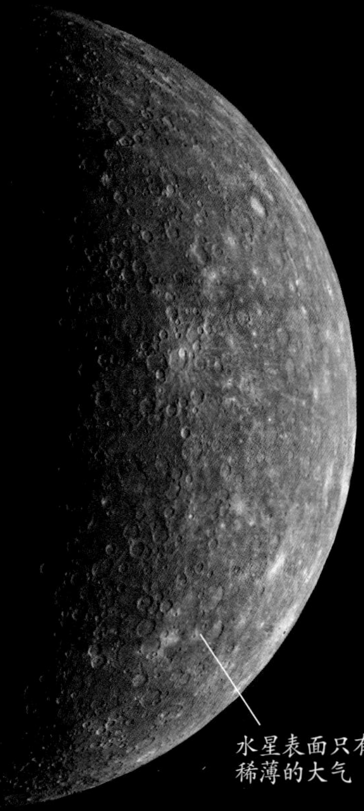

水星表面只有
稀薄的大气

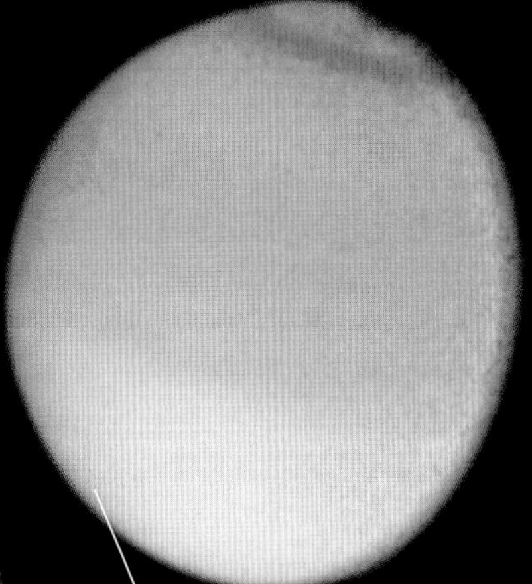

厚与薄

一般来说，行星的引力越大，能保持的大气层气体就越多，而行星距太阳越近，大气层必定越热，这有助于快速运动的气体分子逸散到太空中。个头小又灼热的水星上只有一层极为稀薄的大气，而冰冷的土卫六，尽管只有水星一半的引力，却拥有浓厚的大气层。大气层中气体成分的构成也是重要因素——比如轻的气体氢，远比重的气体二氧化碳更容易从大气层中逸散。

土卫六具有由氮和甲烷
构成的浓厚大气层

大气层的起源

与巨行星不同，岩质天体如地球和火星并不是单纯依靠从原始气体云（见第36~37页）中俘获来的气体形成大气。它们的大气可能有两个主要来源——排气和碰撞。年轻的行星曾有着远多于当今的火山活动，火山会喷出各种气体（排气）。彗星的撞击也会将水蒸气及其他分子带到年轻的行星上来（碰撞）。

变化中的大气

今天的行星大气与原始大气层关系很少。距离太阳近的行星，轻的气体如氢大部分从它所在的行星散逸，只留下重的气体，而地质、化学，甚至生命的活动已经逐渐地改变了这些留下来的气体的构成。比如地球上的微生物和植物慢慢地把大量的二氧化碳转化为氧气，而金星由于温室效应正在丧失它的水蒸气。

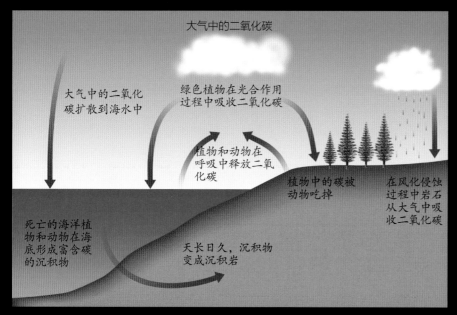

大气中的二氧化碳

大气中的二氧化碳扩散到海水中

绿色植物在光合作用过程中吸收二氧化碳

植物和动物在呼吸中释放二氧化碳

植物中的碳被动物吃掉

在风化侵蚀过程中岩石从大气中吸收二氧化碳

死亡的海洋植物和动物在海底形成富含碳的沉积物

天长日久，沉积物变成沉积岩

碳循环

在地球上，一切有生命的物质都由碳构成，也都依靠碳而存在。大气层中的二氧化碳通过碳循环来维持生命。在此循环中，碳不断地被吸收和释放，从一种形态转化为另一种形态。地球大气层中的二氧化碳在绿色植物的光合作用中被吸收。动物吃掉这些植物，从中吸取它们所需的碳。植物和动物进行呼吸以及它们死亡腐烂后，都会释放出二氧化碳返回大气中。二氧化碳气体也会扩散到海洋里，被海洋生物吸收，海洋生物死后会沉入海底形成沉积岩。在大自然的作用下，这些岩石会被侵蚀风化，所含的碳又以二氧化碳的形式释放入大气中。

在这张太空拍摄的照片中，可以清楚地看出地球上具有保护作用的大气分为许多层次

盖亚思想

按照英国大气学家詹姆斯·洛夫洛克教授的盖亚假说，地球及地球上一切东西的整体行为就如同一个超级有机体，不断调节着它自身的环境以保持生命生存的最佳状态。碳循环仅仅是盖亚作用的一个实例。这一循环产生的天然温室效应，使地球保持足以维持生命的温度。然而，人为的干预如燃烧矿物燃料，必将破坏地球的整体平衡，给所有生命带来灾难性的后果。

家庭实验
温室效应

二氧化碳在地球大气中占比例很少，但极其重要。它有助于吸收来自太阳的热量，能够阻挡热量向太空散失。本实验能够显示温室效应如何产生作用。请准备两个小玻璃杯、水、大玻璃碗，找一个阳光充足的地方。

1. 给两个玻璃杯各倒入半杯水，用一个干净的玻璃碗碗口朝下罩在其中一个玻璃杯上。然后把两个玻璃杯都放在阳光充足的地方晒1小时。

2. 移开玻璃碗，把手指同时浸入两个玻璃杯的水中比较水的温度。玻璃碗下杯内的水会更为暖和。玻璃碗的作用如同地球大气层——它既让热能进入，又阻挡热能的散失。

卫星和光环

由星际探测器"旅行者1号"
拍摄的土星及其光环

水星和金星是太阳系中仅有的两颗孤独的行星，其他行星都有自己的卫星。这些卫星大到体积与小行星相仿，小到直径只有数千米。4颗巨行星木星、土星、天王星和海王星还具有光环。这些光环是由数百万块冰和岩石的碎块构成，它们围绕母行星运转在各自的轨道中。光环分几种类型，土星环是华丽而明亮的平面光环群，木星环则是暗弱的条带状。

F环

天卫四

天王星
（母行星）

天卫三（天王星最大的卫星，这是极远距离的外观）

天卫二

天卫五

天卫一

卫星家族

卫星是一个被锁定在一个更大的母行星轨道上的天体。天王星（左图）有27颗已知的卫星（这里只显示5个卫星），其中最大的是天卫三（泰坦尼亚），直径有1578千米。卫星在椭圆轨道上围绕它们的母行星运转，就像行星绕恒星运转一样。

母行星的引力引起的潮汐影响着卫星的自转，长期作用下造成卫星同步自传，也就是保持着同一个面朝向它的母行星，月球就是个典型的例子。虽然卫星比它们的母行星小，但它们依然是活跃的。

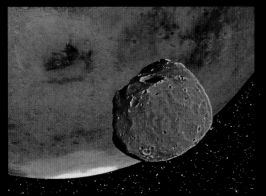

天然卫星和俘获的卫星

不是所有卫星的来源都一样。火卫一（见上图）可能是被火星引力俘获的一颗小行星。被拖入绕行星轨道的小行星被称为俘获卫星。一些绕巨行星运行的卫星是由行星本身形成时剩余的物质形成的，它们被认为是天然卫星。月球可能是在远古时的一次碰撞过程中由地球飞溅出的物质形成的（参见第68页）。

夜观星空
光环的辨认

所有行星的光环中，唯有土星的光环足够明亮，甚至通过低倍双筒望远镜就能够看出这颗行星的形状有些不平常。小型天文望远镜更有可能让你看到光环内部的卡西尼缝。在观看土星时，要记住光环的景象变化。假如土星朝地球方向倾斜，那么你就会看到所有细节，如卡西尼缝等。

A环　B环　C环　D环　卡西尼缝　恩克缝

光环系统

土星有宽阔明亮的光环群。人们用字母命名这些光环，光环的主要裂缝也被命名。例如，在光环 A 和光环 B 之间的裂缝，是著名的卡西尼缝。行星的光环由数百万乃至数十亿块冰和岩石的碎块构成。行星对这些碎块的引力远远超过碎块间的引力，从而阻止它们聚集起来形成较大的卫星。天文学家认为光环可能是由一颗小卫星在碰撞中碎裂而形成的。

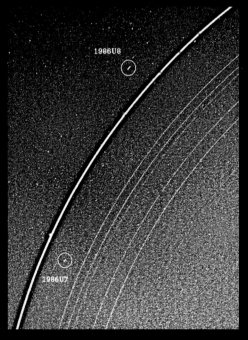

牧羊犬卫星

一些光环极为细窄，却没有在空间散开，是由于某些运行在行星环边缘附近的卫星起到了"守护"作用。卫星的引力使得行星环保持完整，它们因此被称为牧羊犬卫星。例如天王星周围的这些卫星（见上图）。从牧羊犬卫星上剥落的碎片可能有助于补充光环。

家庭实验
背景光中的光环

尘埃或冰构成的光环会散射太阳光。行星探测器就是当太阳光从探测器背后射来时辨认出木星和海王星光环的。请准备好纸制饮料吸管、火柴、带盖的透明瓶子、手电筒。该实验需要家长参与指导。

1. 请家长帮忙点燃吸管放入瓶内，等烟雾充满后盖好瓶盖。在暗室中，打开手电筒从前面照射瓶子。此时你不能看清烟的微粒。

2. 再次打开手电筒从侧面照射瓶子，这时烟的微粒变得很明显。

小行星和矮行星

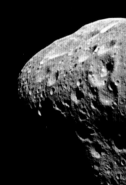

小行星艾达覆盖着一薄层尘埃般的泥土

行星与行星之间并非一无所有，太阳系中充满了数百万个较小的天体。这些小天体和行星相比非常渺小——它们的直径大多小于 100 千米。由于引力太弱，它们不能聚集成球形，就像凹凸不平的大块岩石或冰那样存在着，而矮行星是介于行星和小行星之间的天体，它们比小行星大，能形成圆球状，只是没有力量清除自己轨道上的其他小天体。小行星和矮行星是太阳系形成初期时的残留物，有可能是大天体崩裂成的碎片。

美术家笔下的火星与木星之间的小行星带

岩石带和冰带

大部分太阳系中的小天体活跃在两个主要区域——火星与木星之间的小行星带、海王星外侧的柯伊伯带。这些天体大部分很小。小行星带中最大的一颗是谷神星，它的直径约为 945 千米，现被划为矮行星，也是小行星带中唯一的矮行星。冥王星是目前已知的最大的柯伊伯带天体（参见第 85 页）了。带的成分取决于它们在太阳系中的位置。小行星带因为离太阳较近，那里的天体主要是岩质的，而柯伊伯带离太阳非常远，因为温度极低，那里的天体可能都是冰冻的。

极罕见的碰撞可能使小行星返回小行星带

家庭实验
小行星带

由于火星，特别是木星的影响，活跃在它们之间的小天体被限制在一个条带状区域里，形成了小行星带。本实验可以展示小行星如何成群运行而形成带。请准备大碗或盆、水、香菜籽或任何细小的漂浮物、汤匙。

1. 将适量的水倒入容器内，放入漂浮物。用汤匙沿容器的圆周慢慢搅动，把小颗粒分散开，然后把汤匙移向中间并加快搅动。

2. 当形成旋转的水流时，停止搅动。等水流静止下来，在小颗粒随水流沿着容器边缘运转时便形成一个圆形条带。在太阳系中，把小行星控制在一个条带状区域中的是周围行星的引力。

行星的弹球游戏

小行星带内的天体是木星引力的玩偶。木星能够使它们猛烈地撞击到一起，破裂成极小的碎片。木星还阻止它们变成行星。偶尔木星会把它们抛入更外围的轨道中，于是在带内留下许多间隙。有些小行星甚至会从绕木星的轨道中消失。

邂逅小行星

小行星艾达（见左图）是"伽利略"号探测器在飞往木星的航程中拍摄到的。"伽利略"号探测器在经过小行星带时对小行星进行了深入探测，照片揭示出大部分小行星是不规则的石块。有迹象表明它们常因碰撞而破碎，然后靠自身的微弱引力重新聚集起来。艾达相当坚固，但它依然有遭受过碰撞的明显痕迹。这类小行星的引力特别微弱，以致一些强烈的冲击常常会撞掉它们一些碎块。

较蓝的斑点是新陨星坑的喷出物

柯伊伯带

1992年，人类发现首个除冥王星之外的柯伊伯带天体

20世纪40年代，天文学家预言，柯伊伯带可能是短周期彗星的发源地。这些彗星轨道的最远点扩展到海王星附近的天区。自1992年以来已发现几百个柯伊伯带天体，由于它们太暗，只能用定时序列拍照查找缓慢移动的"恒星"的方法才能发现它们。这两幅图中所示为1992年首次发现的柯伊伯带天体。

近地小行星

一些小行星被木星的引力抛出小行星带，落入被拉长的轨道，这些轨道接近地球的轨道，甚至与地球轨道交叉。根据轨道的形状，这些近地小行星被分成阿莫尔型、阿波罗型或阿登型。它们已列入人们了解最清楚的小行星榜单中，因为它们更接近地球，比较容易被天文望远镜发现或被探测器访问。有些小行星甚至对地球构成威胁。

小行星采矿

小行星蕴藏着大量金属以及其他有价值的元素，它们大部分都很纯净，容易提炼，不像地球上的岩石那样把它们禁锢在化学矿石和矿物中。地球上最大的镍矿是加拿大一个远古年代陨星撞击的遗址。这颗陨星仅仅是一颗特大富矿小行星上的一小块。现在一些私人公司正在筹划发射矿物勘探卫星到近地小行星上，准备开采小行星上丰富的矿物。

此镍铁样本含有小行星上发现的多种元素中的两种

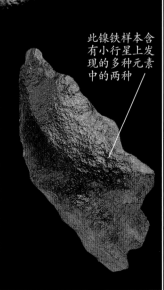

彗星

　　由冰和尘埃构成的彗星，从天空匆匆掠过。彗星是太阳和行星在形成过程中的残留物，因此它们的轨道大都在太阳系边界。偶尔，它们会穿越宇宙空间急速冲向太阳。从地球上看，通常只能见到朦胧的光斑，但有时它们也犹如明亮的恒星，而且逐渐生出长长的尾巴，神奇地横跨天空。

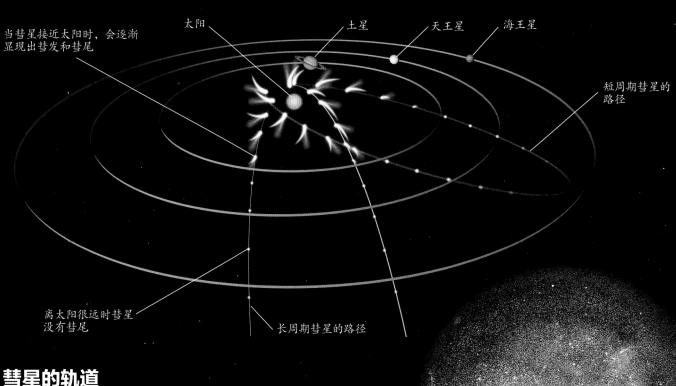

当彗星接近太阳时，会逐渐显现出彗发和彗尾

太阳　　土星　　天王星　　海王星

短周期彗星的路径

离太阳很远时彗星没有彗尾

长周期彗星的路径

彗星的轨道

　　彗星具有极狭长的椭圆轨道。短周期彗星绕太阳的运行周期从几十年到 200 年不等。目前认为，彗星轨道的远日点位于海王星外的柯伊伯带中。长周期彗星来自极其遥远的奥尔特云，需要数千年甚至数百万年才能在各自的轨道上走一圈。彗星只有在接近太阳时才变得活跃起来，这时彗核被太阳加热，蒸发出尘埃和气体，形成炽热的彗发（头部）。

弗雷德·惠普尔博士用220多千克重的"脏雪球"来讲解彗核知识。

彗星博士

　　1949 年，美国天文学家弗雷德·惠普尔发表了关于彗星本质的理论。他指出彗星犹如一团脏雪球，它由冰、气体和尘埃构成，有一个石质的核。哈雷首先认识到彗星按固定周期回归，但天文学家仍不了解它们的本质。惠普尔博士的理论通过 1986 年"乔托号"彗星探测器拍摄的哈雷彗星的照片而得到证实。

奥尔特云

　　长周期彗星发源于奥尔特云。这个冰质的球体云团围绕着太阳系。偶尔，由于碰撞或附近恒星的引力会使彗星冲向太阳系内部。这些彗星中的一部分因为受到巨行星的引力而改变轨道，变为短周期彗星。估计奥尔特云包含有数十亿颗彗星。

彗尾

　　当彗星接近太阳时，受到阳光的照射，它内部的冰受热开始蒸发。蒸汽喷流散开呈羽毛状，形成称为彗发的气晕。从彗星微弱引力中散逸出的气体和尘埃被吹得背离太阳方向，形成两条长尾。气体彗尾（也称离子尾）呈蓝色，笔直地向后延伸，在和太阳风碰撞时发光；尘埃彗尾通常呈黄色，略有弯曲（因为比较重的尘埃粒落后于彗星），因为反射太阳光而变得明亮。

蓝色的气体彗尾

彗发将彗核完全掩藏

弯曲的尘埃彗尾

海尔-波普彗星是20世纪最明亮的彗星之一

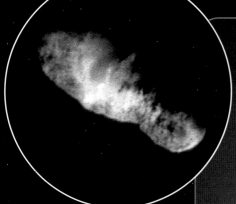

石质彗核

　　由太阳辐射引起的化学反应形成暗色碳基化学物质薄层覆盖着彗星的表面，表层下就是可蒸发形成彗发和彗尾的冰质挥发物。随着时间的推移，彗核中的冰质挥发物大都已经蒸发，彗星将成为一个石质小行星，如同这幅博雷林彗星的近距离照片中所显示的。它的长度一般只有几千米，具有不规则的形状。彗星每绕太阳运行一次都会消耗一些积蓄的挥发物。多次运转后，彗星消耗殆尽，彗尾也逐渐消失。

家庭实验
脏雪球

　　当彗星逼近太阳时，覆盖在表面上的浅黑色灰尘会吸收热量，迅速升温。假如彗星是由纯净的雪和冰构成，那么它们就会把大部分的光和热反射掉，就像本实验所表现的。请准备两块冰、托盘或碟子、黑色粉末颜料和白色粉末颜料、台灯。

1. 把两块冰放在盘或碟中。把白色颜料粉末均匀撒到一块冰上，把黑色粉末均匀撒到另一块冰上，直到冰被全部覆盖为止。然后将它们放在明亮的台灯或聚光灯下，等待几分钟。

2. 一段时间后，你会发现覆盖黑色颜料的冰块融化得比浅色的要快得多。这是因为黑色粉末层吸收灯光热量的本领要比白色粉末层强很多。

流星和陨星

　　你也许未曾留意过这样一个事实，那就是地球随时都受到来自太空的侵袭。有科学家估计，每天都有多达 200 吨的物质闯入地球。幸运的是，这些来自空间的不速之客大部分都是极小的尘埃粒，它们是在太阳系形成初期时遗留下来的。这就是流星。流星下落到地面后便称为陨星。地球上发现的陨星绝大多数来自于小行星，但有少数似乎是从月球和火星上飞来的。一些来自轨道中彗星的残留碎片，也会在大气层的上部燃烧发光成为流星。

流星雨

　　流星是尘埃碎块落入地球大气层中产生的。当它在大气上层与气体分子猛烈碰撞摩擦时，尘埃粒子迅速气化并加热周围的空气，使之明亮可见。许多尘埃粒来自过路彗星的彗尾，这意味着周期性的流星雨是在地球穿过或接近彗星轨道时发生的。这些流星看上去似乎来自天空中的同一点，这一点被称为流星雨的辐射点。

背景图片为狮子座流星雨，图上的星迹是用慢速曝光照片捕获的。

可怕的狮子座流星暴

　　有时流星雨会变成一场每小时超过 1 000 颗流星的惊人流星暴。流星暴大多发生在地球穿越彗星轨道，而彗星刚从此处通过时。最著名的流星暴是狮子座流星暴，每年 11 月份都会出现，每 33 年会出现一次高峰（最近一次高峰出现在 2000 年）。这幅版画所描绘的是 1833 年狮子座流星暴的景象，当时它在整个美国引起了恐慌。

铁陨石来自小行星内核

流星和流星雨

流星是运行在星际空间的零星宇宙尘埃和固体块，当它们高速冲进地球大气层时，由于剧烈摩擦产生热量而发光。看流星的最佳时间是在后半夜。还有一种天文现象叫流星雨。那是和地球轨道相交的彗星把自己的碎块抛撒在轨道上，每当地球走到此处，就会遇上这些碎块。一些流星雨会重复出现，并且以它们辐射点背后的星座来命名。本书在空间数据部分提供了流星雨出现日期的一览表（146 页）。

在加拿大不列颠哥伦比亚地区看到的英仙座流星雨

天降石头

每年大约有几百颗陨星会落到地球表面。正在坠落的陨星会发出耀眼的光芒。它们是小行星互相碰撞破裂后的残留物。因为不像行星上的岩石那样经历过风化过程，因此它们身上还带有太阳系形成初期的原始物质。

石铁陨石来自小行星的幔层与内核交界区

球粒陨石是由太阳系早期形成过程中发生的物理现象留下来的细粒组成

石陨石来自小行星的外壳和幔层

陨石的类型

陨星也称陨石，陨石的类型有如下几种，铁陨石、石铁陨石和石陨石，它们可能来自个头儿较大的小行星的不同部分，即内核、幔层和外壳。而球粒陨石似乎是当初太阳星云物质的原始样本。

撞击地球

在极罕见的情况下，地球会受到流星或彗星的直接撞击。美国亚利桑那州有一个宽达 800 米的巴林格陨星坑，就是 5 万年前被一个天体撞击而成的。流星的撞击能把有价值的矿物和金属带到地球上来——世界上相当数量的镍就产自加拿大的一个撞击坑。更强烈的撞击会造成生物灭绝的巨大灾难，这或许就是 6 500 万年前恐龙灭绝的原因。

搜寻陨石

除非亲眼看见一颗陨石坠落，否则很难将天降石块与地面上普通的石块分清楚。为了寻找陨石，地质学家踏遍了世界各个角落。尤其在沙漠和南极洲这样的地带，岩石块很少，铁陨石在自然环境中显得很突出，利用金属探测器就可以找到它们。

探查人员大卫·科林在沙漠地带用金属探测器搜寻陨石碎块

太阳系中的生命

太阳系中是否存在地外生命？就我们以前的认知，地球是唯一具有维持生命生存条件的太阳系行星，然而，最新的发现表明，太阳系其他天体上也可能曾经有生命存在。生命能在远远超出我们认为是极限的恶劣环境中生存。这些发现使科学家正在重新思考在太阳系其他天体上存在生命的可能性。

生命的生存条件

某些元素是生命存在的决定性因素。在地球上，一切生命都基于碳化合物。液态的水是生命必需的，阳光是能量的基本来源。但是出乎人们意料，在完全黑暗的海底火山口周围也发现了生命的存在。例如一种蜘蛛蟹（上图），就依赖深海火山口的热能生存繁衍。更加离奇的是，地壳深处的岩石似乎也被大量细菌包围着，这些细菌是在既无光又无水的环境下生长繁殖的。

地球上的生命

1953 年，芝加哥大学的科学家将甲烷、氨、氢以及水蒸气混合，利用高压电火花模拟闪电，产生的化学反应生成了氨基酸——一切生命所依赖的蛋白质的基本单位。这可能是与地球上激起生命火花相同的化学反应。

可能的起源

地球上的生命用数十亿年的时间进化。地球上发现的最古老的有机体遗迹，是澳大利亚鲨鱼湾浅海石灰柱里的单细胞生物化石（左图），这类有机体生存于 35 亿年前。最早的生命起源于原始海洋，雷电、紫外线、火山喷发，都可能使地球原始大气中的无机分子合成有机物。按照"有生源说"理论（或称"胚种论"），简单的有机体也可能起源于太空，是被彗星带到地球上来的。

其他地方的生命

太阳系内除地球以外最有可能存在生命的天体就是火星和木卫二。火星恰好坐落在太阳系内适宜生命存活地带的边缘，它曾有过温暖和潮湿的历史。在木卫二冰冻的壳层之下可能存在着深深的海洋。木卫二的神秘色彩尚未被揭开之前，一些行星探测器已经造访过火星。"海盗"号着陆器（右图）于 1976 年在火星上进行了探测生命的实验。2004 年，"火星快车"空间探测器在火星的南极地区发现了冰冻水，迈出了人类对火星研究的重要一步。2012 年，"好奇"号火星探测器登陆火星，开启对火星的包括在气候、地质研究在内的全方位研究，以调查火星是否具备生物可居住性。

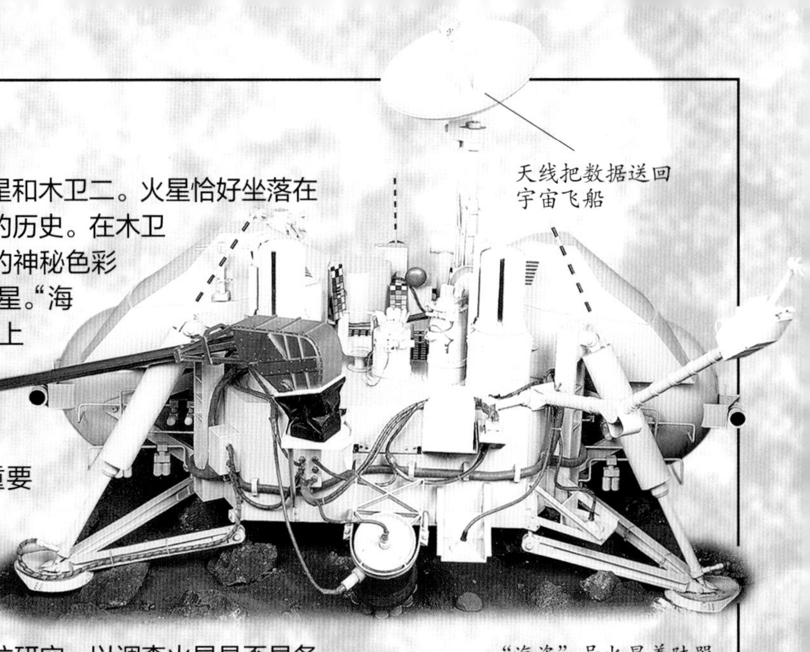

天线把数据送回宇宙飞船

"海盗"号火星着陆器

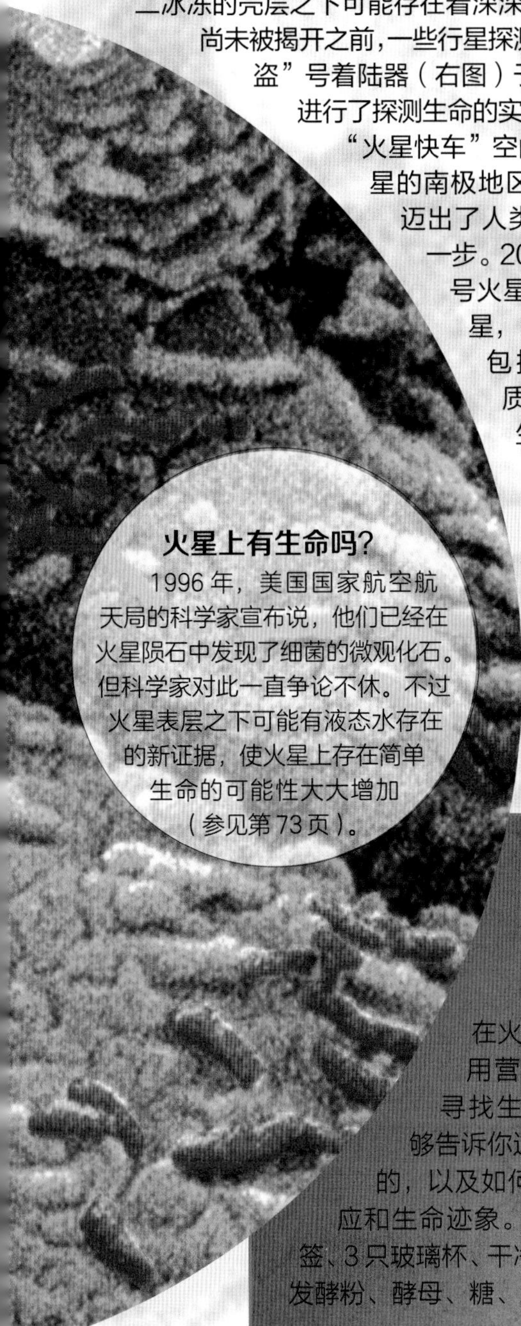

火星上有生命吗？

1996 年，美国国家航空航天局的科学家宣布说，他们已经在火星陨石中发现了细菌的微观化石。但科学家对此一直争论不休。不过火星表层之下可能有液态水存在的新证据，使火星上存在简单生命的可能性大大增加（参见第 73 页）。

木星的卫星

在木卫二冰质地壳之下，整个卫星被来自木星的强潮汐力加热，这热量可能使液态海洋得以存在。美国国家航空航天局希望能送出一个探测器，以便穿越冰层对这个海洋进行探索（见左图）。也许它会发现与地球一样的深海海底火山口周围聚集着的生命。"伽利略"号探测器送回的信息表明，木星的另外两颗卫星——木卫三和木卫四也应该有地下海洋（参见第 76 页）。

上图：火星陨石 ALH84001 上被认为是细菌化石的电子显微图像

家庭实验
探测生命

"海盗"号着陆器在火星上采集冻土样本，用营养物培养的方法来寻找生命迹象。本实验能够告诉你这种测试是如何进行的，以及如何分辨简单的化学反应和生命迹象。请准备 3 个彩色标签、3 只玻璃杯、干净的细沙、汤匙、盐、发酵粉、酵母、糖、水壶、热水。

1. 为区别杯中物品，将 3 个玻璃杯各贴一张彩色标签。把细沙装到玻璃杯的 1/3。混合 2 汤匙盐到第一个玻璃杯，2 汤匙发酵粉到第二个玻璃杯，2 汤匙酵母到第三个玻璃杯。将它们全部放入冰箱中冷冻一夜。

2. 第二天，把半杯糖放入盛有两杯热水的壶中溶解制成营养液，冷却后向每个玻璃杯中注入相等数量的营养液。有的矿物质（盐）不反应，但是其他的（发酵粉和酵母）会产生短暂的化学反应。涉及活细胞的生物反应虽缺乏活力但能够延续较长的时间。

盐

发酵粉

酵母

行星

图片:
肉眼可见的五颗行星:水星、金星、火星、土星和木星——延伸排列成极为罕见的五星连珠。摄于 2002 年 4 月 24 日

行星大家庭

八大行星及其卫星都是太阳系的成员。它们彼此间有许多相似之处，但也都具有独一无二的特征。今天，面对空间时代的到来，我们对这些天体的认识已经有了很大改变，这得益于空间望远镜向我们提供了大量壮丽的景象，以及宇宙飞船从行星和它们的卫星上不断送回的清晰图像和其他数据。

水星和金星

水星是最靠近太阳的行星，在它之外就是金星。两者绕太阳运转都比地球要快。由于水星太小，离太阳太近，致使地面天文望远镜很难清晰地看到它。更困难的是它的公转速度是 8 个行星中最快的，这意味着只有宇宙飞船才能接近它。2011 年，“信使”号飞船进入环水星轨道，根据它拍摄的照片，人类制作出第一张完整的水星地形图。金星自转方向与大部分行星相反。它含有硫酸的二氧化碳大气层引发强烈的温室效应，使得金星成为太阳系温度最高的行星。目前，人类已向金星发射过几十个探测器。

地球和火星

地球是靠近太阳的第三颗行星。它有一颗卫星，就是月球，对地球的尺度而言它已超出卫星的比例。有些天文学家甚至认为地球和月球是双行星。在太阳系中它们确实是被最细致研究过的天体。几百颗人造卫星已在轨道上运行，不断对地球进行观察。数十个探测器已探索过月球，航天员也曾抵达那里。

火星是地球轨道外的第一颗行星，与地球最相似。由于表面呈红色而被称为红色行星。除地球之外，人类对火星的探测比对其他行星都更为深入。探测器已经绘制出详细的火星地形图，着陆器也对火星土壤进行过测试以寻找生命存在的迹象。火星上有生命存在曾一度是科幻小说的题材。近期的探索更加揭示出一个有活力的不断变化着的火星，它表层下有丰富的冻结水，这使得火星上存在生命具有更大的可能性。

依照从里到外顺序排列的太阳系八大行星

水星

金星

地球

火星

木星

1957年
第一颗人造地球卫星“斯普特尼克”发射成功，人类进入太空时代。

1959年
月球探测器飞向月球，“月球”3号成为第一个拍到月球背面照片的航天器。

1962年
“水手”2号飞过金星。

1965年
“水手”4号送回第一张火星的近距离照片。

1969年
宇宙飞船“阿波罗”11号搭载航天员首次登陆月球。

1970年
“金星”7号探测器在金星上实现软着陆。

1973年
“先驱者”10号行星探测器飞掠木星。

1974年
“水手”10号探测器掠过水星。

1976年
“海盗”号探测器在火星软着陆。

1977年
“旅行者”1号和“旅行者”2号开始了太阳系星际旅行。

年表

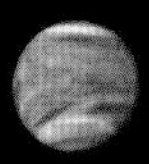

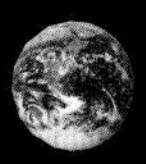

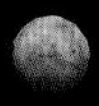

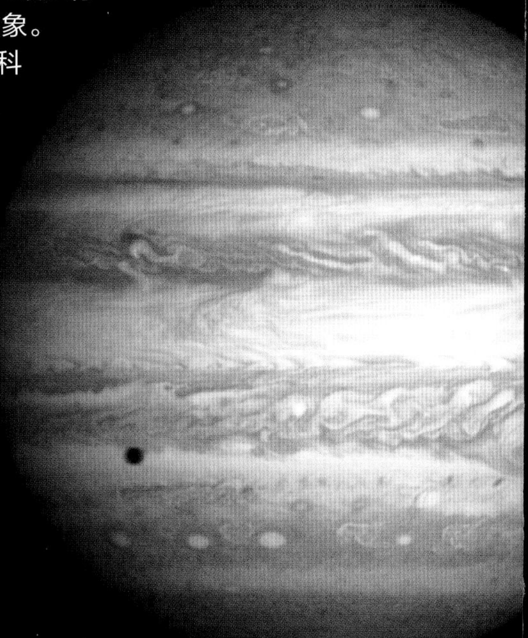

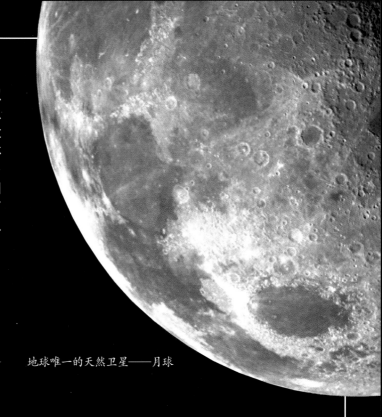

木星和土星

　　木星和土星是太阳系中两颗最大的行星，它们有很多相似之处：都具有光环系统——土星的光环是最有代表性的；都以高速旋转，致使它们的赤道附近凸起；都有一个庞大的卫星大家庭；都遭受着剧烈的风暴，木星上的大红斑就是一个风暴体系，面积比地球还大。

　　因为巨行星离太阳太远，它们之间的距离也非常遥远，因此送宇宙飞船去探测是相当困难的。迄今为止，人类已发射了10个探测器探访木星。2016年，"朱诺"号木星探测器进入木星轨道，成为有史以来距离木星最近的探测器。"卡西尼"号土星探测器于2004年进入土星轨道，发回了大量新信息。

地球唯一的天然卫星——月球

天王星和海王星

　　天王星和海王星也是巨行星，但它们比木星和土星离太阳更远，个头儿也相对小一些。天王星和海王星都含有独特蓝绿色彩的化学物质。海王星有一个特别活跃的蓝绿色气罩，与平静的天王星相比，它是一颗多风暴的行星。这两颗行星比木星和土星自转更慢，也都有光环和众多卫星。海王星最大的卫星海卫一，运转方向和其他卫星相反，这成为天文学中神秘的疑难问题之一。

　　有关天王星和海王星的信息大部分来自"旅行者"2号探测器。它的使命是实现星际旅行，探测土星之后，于1986年与天王星交会，1989年与海王星交会。

土星　　　　　　　　　　　　　　　　天王星　　　　　海王星

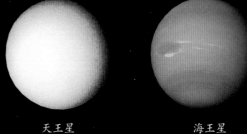

1979年
"先驱者"11号第一个飞掠围绕木星的光环以及木卫一上存在火山活动

"旅行者"1号发现土星卫六

1980年
"旅行者"1号飞掠土卫六

1986年
"旅行者"2号飞掠天王星

1989年
"旅行者"2号飞掠海王星

1990年
"麦哲伦"号探测器开始绘制金星地形图

1995年
"伽利略"号探测器进入围绕木星的轨道

1997年
"火星探路者"号在火星上着陆，"火星全球勘测者"探测器环绕火星探索其表面。"卡西尼"号土星探测器发射，进入历时20年的土星之旅

2004年
欧洲航天局宣布，"火星快车"探测器环绕火星发现火星南极存在冰冻水

2015年
"新视野"号探测器飞掠冥王星，传回了最准确的冥王星信息，并正式开启柯伊伯带探测之旅

水星

　　水星是最靠近太阳的行星，干燥、多岩石，饱受太阳辐射的烘烤。这个太阳系最小的行星围绕太阳的运行速度比其他任何行星都快，但它的自转却非常缓慢。水星具有巨大的铁核，使它显得很沉重。由于水星太小不能保持稳定的大气层，所以它昼夜温度变化极大。大气的缺乏使得水星对来自太空的撞击失去掩护，成为伤痕累累、遍布环形山的天体。

超速的轨道运行

　　水星的超速运转使它绕太阳一周仅用 88 个地球日，但是太阳引力大大减缓了水星自转的速度，造成水星自转一圈长达约 58 个地球日。水星自转一圈不等于它的一天，而相当于它公转两圈那么长（176 个地球日）。这造成水星大部分表面有长达一个水星年的白昼和长达一个水星年的黑夜。这奇怪的现象和它围绕太阳的扁长椭圆形轨道有关。水星的部分表面在一个水星日中能经历两次日出：太阳在黎明升起，随之滑向地平线，然后再一次升起来。

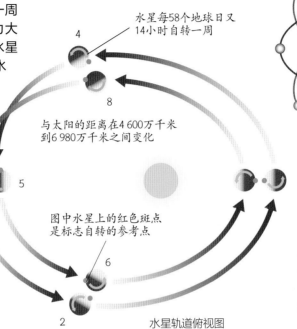

水星每58个地球日又14小时自转一周

与太阳的距离在4 600万千米到6 980万千米之间变化

图中水星上的红色斑点是标志自转的参考点

水星轨道俯视图

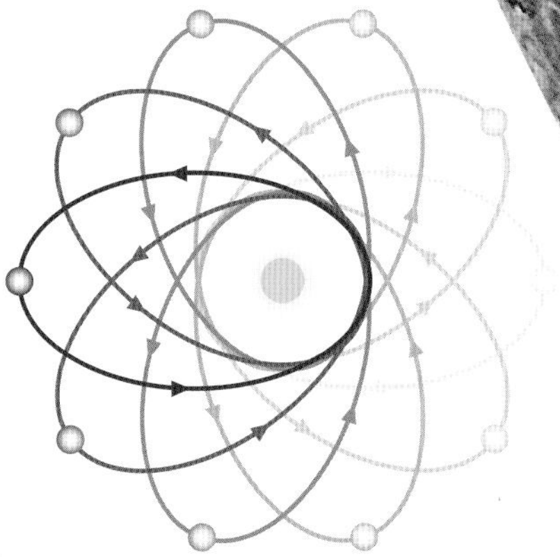

轨道之谜

　　水星轨道因为它的旋转而反常（结果参考上图）。这主要是由于其他行星对水星的引力，但还有一小部分利用牛顿引力理论无法计算出来。圆满的解答最终由物理学家爱因斯坦做出。他指出这是因为水星附近的空间受到太阳的引力而弯曲。

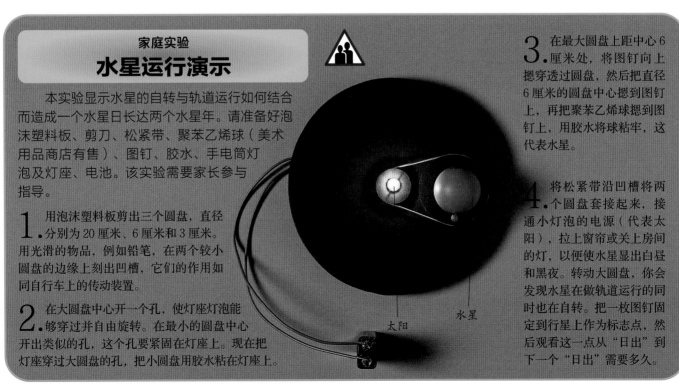

家庭实验
水星运行演示

　　本实验显示水星的自转与轨道运行如何结合而造成一个水星日长达两个水星年。请准备好泡沫塑料板、剪刀、松紧带、聚苯乙烯球（美术用品商店有售）、图钉、胶水、手电筒灯泡及灯座、电池。该实验需要家长参与指导。

1. 用泡沫塑料板剪出三个圆盘，直径分别为20厘米、6厘米和3厘米。用光滑的物品，例如铅笔，在两个较小圆盘的边缘上刻出凹槽，它们的作用如同自行车上的传动装置。

2. 在大圆盘中心开一个孔，使灯座灯泡能够穿过并自由旋转。在最小的圆盘中心开出类似的孔，这个孔要紧固在灯泡上。现在把灯座穿过大圆盘的孔，把小圆盘用胶水粘在灯座上。

太阳

水星

3. 在最大圆盘上距中心6厘米处，将图钉向上摁穿透过圆盘，然后把直径6厘米的圆盘中心摁到图钉上，再把聚苯乙烯球摁到图钉上，用胶水将球粘牢，这代表水星。

4. 将松紧带沿凹槽将两个圆盘套接起来，接通小灯泡的电源（代表太阳），拉上窗帘或关上房间的灯，以便使水星显出白昼和黑夜。转动大圆盘，你会发现水星在做轨道运行的同时也在自转。把一枚图钉固定到行星上作为标志点，然后观看这一点从"日出"到下一个"日出"需要多久。

表层的特征

水星的环形山大多是彗星碰撞形成的。在水星极地附近，有些环形山的盆地长期处在阴影里。天文学家认为那里可能有永久的冰存在。水星最罕见的特征是称作断崖的高耸悬崖。断崖迂回横跨底部表层，常常把陨星坑分为两半。看上去好像在大部分陨星坑形成以后，又经历过一次先膨胀后收缩的过程。

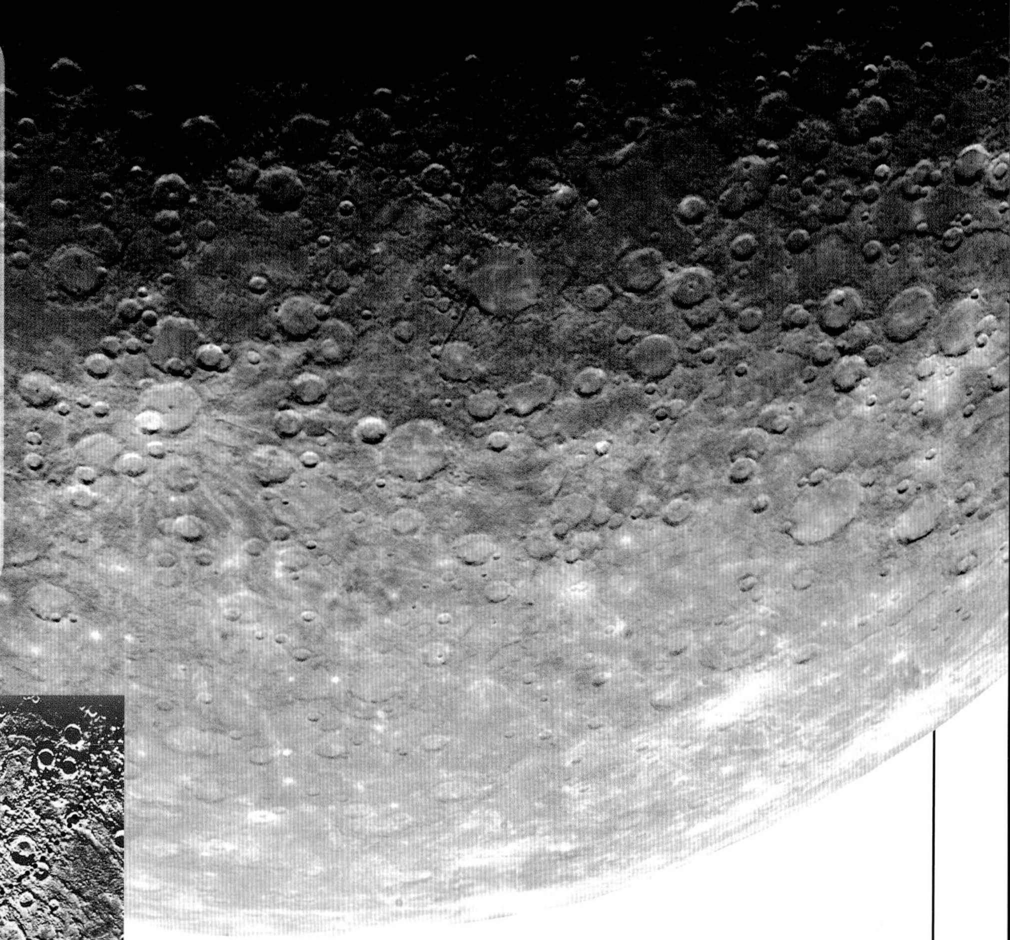

卡路里盆地

水星表面最有特点的是巨大的卡路里盆地。这是一个直径达 1 340 千米、范围大得令人难以置信的陨星坑，由一次超大型撞击形成。水星上的许多山脉都排列成与此盆地中心相关的圆环和射线，看来巨大碰撞产生的冲击向所有方向传递到整个行星，造成另一边的地表剧烈翻腾形成所谓的"神秘地形"。

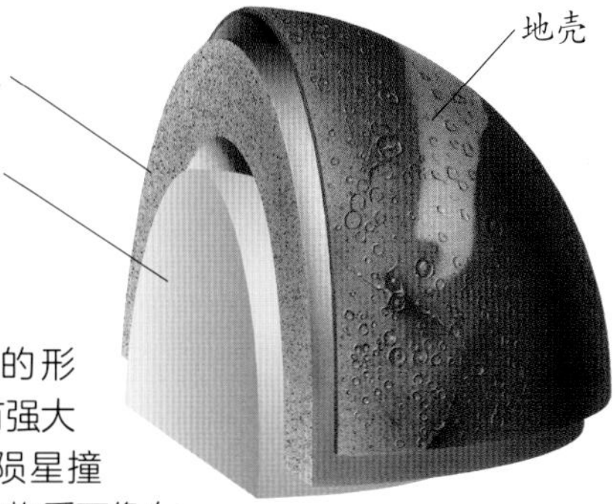

石质地幔

巨大的铁核

地壳

水星内部结构

水星陨星坑的形状表明，水星具有强大的引力，因为在陨星撞击过程中被抛出的物质不像在其他与月球类似的天体上冲出的那么远。实际上，水星比太阳系内其他任何天体都更加致密。天文学家认为它有一个特别大的铁核。在水星早期历史中，被一次天体撞击撞掉了它地幔的上部和地壳的大部分。

夜观星空
隐约闪现的水星

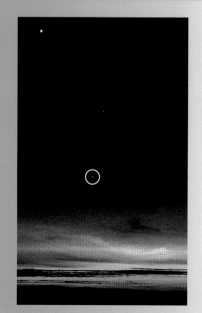

在肉眼可见的 5 颗行星中，水星可能是最难寻找的，因为它总是很靠近太阳。就算离太阳最远时，也仅仅在日出前 1 小时升起或在日落后 1 小时落下。在最大角距离期间，水星会在破晓之前或在日落之后微暗的天空中隐约闪现。

水星（圈内的）是日落时看到的三颗亮如恒星的行星中最低的那颗

金星

金星是一颗与地球体积相近、与太阳的距离排第二的行星。浓厚、有毒的大气笼罩着它，表面温度高得足够把金属铅熔化。金星表面的大气压约为地球的 92 倍。金星自转的方向和大部分行星相反，自转速度相当慢，需要 243 个地球日才自转一周，而它绕太阳运转一周需要 225 个地球日。这意味着金星上的一天比它的一年还长。

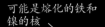

可能是熔化的铁和镍的核

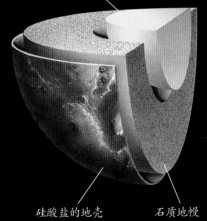

硅酸盐的地壳　　石质地幔

金星内部结构

目前，还没有金星内部结构的直接资料，但天文学家普遍认为金星的内部结构与地球相似。这两颗行星具有大致相同的体积，内部都热到足以使坚固地壳之下存有熔化的金属核和石质地幔。随着时间的流逝，金星的地壳已经整体变硬，不像地球那样有不断移动的板块（见第 64 页）。这就阻止了大部分热量从内部向外散发。其结果就像一个高压锅，容易发生火山的剧烈爆发，不过在两次爆发之间的宁静期很长。

酸性大气

金星光亮的外表下深藏着致命的秘密。它的大气层中二氧化碳占 96%，同时笼罩着含有硫酸的浓云。二氧化碳产生强烈的温室效应，阻止热量散发，这使得金星表层温度高达 475 ℃左右。

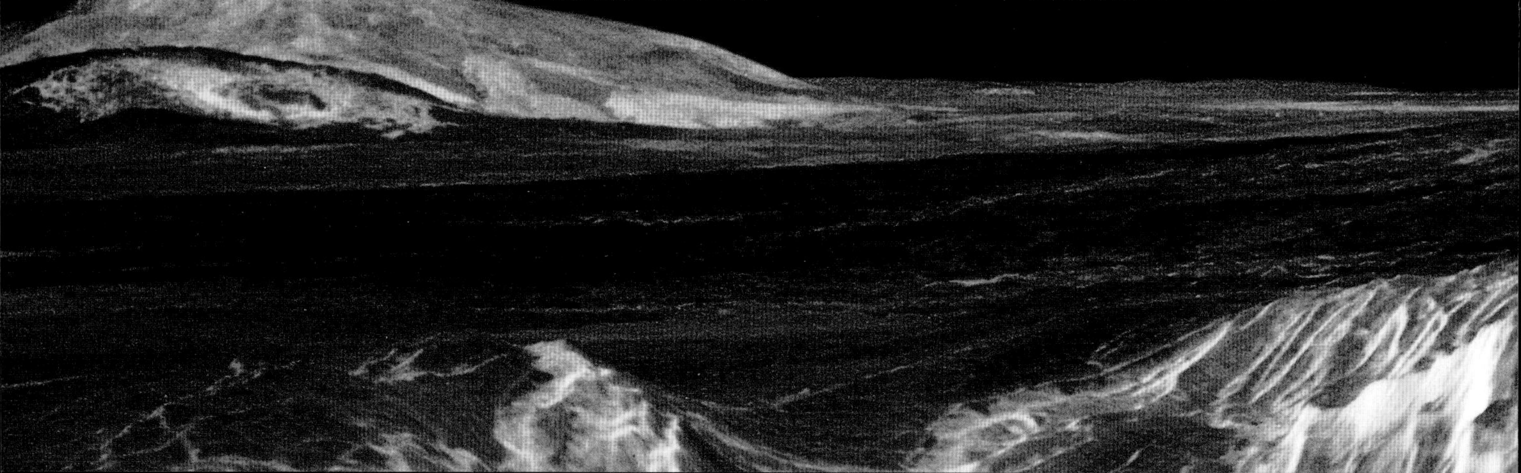

图中锯齿状的是"金星"13号着陆器起落架的底部

在表面着陆

仅有少数由重装甲防护的着陆器能到达金星表面。酸性的金星大气层会迅速腐蚀掉着陆器的全部装甲，这意味着它们只能在几分钟至几小时内传回数据。这是由俄罗斯的金星探测器拍摄的金星一处火山的地表层（上图），到处都是破碎的石块。

金星的人工色彩图像，
由"麦哲伦"号金星探
测器利用雷达绘制

面纱之下

科学家利用雷达穿透金星的浓云来窥视它。无线电波从轨道中的探测器发射到金星上再返回，以揭示金星表面的信息。雷达绘制的金星地图显示，金星表面由深深的峡谷和高大的火山构成。陨星坑极少，到处都覆盖着变硬的火山熔岩流。似乎金星表层的大部分在 5 亿年前剧烈而频繁的火山爆发时期就形成了今天的面貌。

金星的火山

金星上分布着一些巨大的火山，如古拉山（右图）。无人知晓它们是否现在还是活火山。最高的山峰麦克斯韦尔山比地球上的珠穆朗玛峰还要高。穿过金星大气层的空间探测器在金星山顶上方探测到强烈的雷暴，它们类似于地球活火山上方出现的雷暴。它每秒最多能够产生 25 次霹雳闪电。

家庭实验
金星的相

在地球看金星，觉得它的变化很像月亮。当金星绕太阳运行时，我们看到它有阳光的一面变化很大。在本实验中你可以模拟金星的相。准备圆规、铅笔、泡沫板、剪刀、小灯泡和灯座、两段带鱼嘴夹（接线夹）的导线、螺丝刀、牙签、聚苯乙烯球、电池。该实验需要家长参与指导。

1. 用圆规在泡沫板上画一个直径 150 毫米的圆，用剪刀细心地将圆裁剪出来。

2. 请家长用螺丝刀连接灯座的导线。在泡沫板中心钻一个小孔，把小灯泡向上插入并穿过小孔。

3. 把牙签插入球体，将牙签的另一端插入圆形泡沫板外部边缘处使球体固定。

4. 请家长帮助把导线末端与电池连接，让小灯泡亮起来。拉上窗帘或关灯，然后缓慢地转动泡沫板使球（金星）绕着灯光（太阳）转动。请注意本页底部图中所示的金星的相。

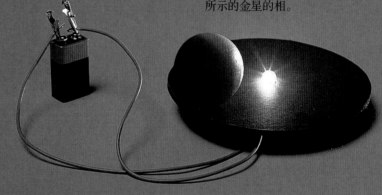

火山的山脉，
古拉山的人工
色彩图像

金星是最明亮的行星

夜观星空
识别金星

反射能力很强的大气层使金星成为最容易见到的行星，也是夜空中仅次于月亮的最明亮的天体。它出现在日出以前的东方或日落之后的西方，由于离太阳较远，因而在漆黑的深夜里仍可看到它。

在不同时间能够看到明亮的金星表面的大小是不同的

用双筒望远镜观察金星的相。当金星处于太阳的远边时，我们看到的是一个明亮的半球。而当它逐渐靠近地球时，我们能看到的是越变越窄的一牙弯钩——光亮面上的大部分已经转过去。

地球

作为我们家园的地球，是从水星向外排序的第三个岩质行星，也是太阳系中独一无二的。地球是已知有生命存在的唯一的行星。它与太阳的距离恰好使它得到一个稳定、适度的气候——既不太热又不太冷；强大的引力意味着地球能够长久保持具有防护作用的大气层；具有充足的液态表层水和含有丰富的氧与氮的大气层。正是这种组合，才使得大约3 000万不同物种的生命在地球上兴旺繁衍。

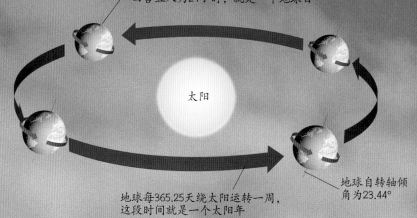

地球每23小时56分自转一周，我们把它四舍五入为24小时，就是一个地球日

太阳

地球每365.25天绕太阳运转一周，这段时间就是一个太阳年

地球自转轴倾角为23.44°

轨道中的地球

我们的地球每天自转一周，同时在离太阳大约1.5亿千米半径的轨道上绕太阳每年运转一周。从地面上看，天空好像每天绕地球旋转一周，而太阳似乎每年在天空中往返移动一周。地球轨道虽然接近于一个圆，实际上是椭圆的。1月时地球离太阳的距离比7月时近500万千米。

北半球冬至的正午，天上太阳角度低，地面得到的热量少，天气寒冷

北半球夏至的正午，天上太阳角度高，地面得到的热量多，天气炎热

季节

地球绕太阳运行时，由于自转轴倾斜23.44°，因此南（北）极有时会向太阳倾斜；而它另一面的北（南）极就会背离太阳。这会影响到其他地区日照时间的长度和该地区所得到的光和热的总量。这就是产生季节的主要因素。

北半球的季节太阳

适宜居住的地带

地球的轨道恰好处于太阳系中部"适宜居住的地带"。液态水能够存在于地球表面，不仅让生命存在，还塑造出地球表面的许多特色。温度也是重要因素，比起超热的金星和超冷的海王星，唯有地球才有让生命兴旺的最佳温度。

地球的卫星

月球可能形成于45亿年前。它的大块头和它与地球的近距离，使得月球对地球具有一些重要影响。月球能引起地球海洋的强大潮汐，能保护我们避免来自太空的碰撞。

从太空看见的月球

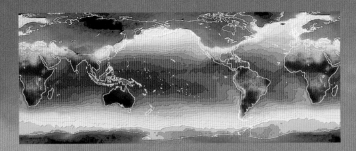

控制气候

尽管地球位于适宜居住的地区，但如果没有大气和海洋，生命仍然是不可能生存的。大气和海洋控制着热量，使白天不会太热，黑夜不至于太冷；使热量从接受阳光最多的炎热赤道到接受阳光最少的两极间循环。在上面的地图中，这些暖和冷的区域分别标记成红色和蓝色。地球的大气层和海洋能够确保任何地方的温度变化不超过 100 ℃。相比之下，没有空气的月球温度变化极大，温差超过 300 ℃。

守护生命的大气

地球的大气中含有氮和氧以及少量的二氧化碳。氧气可供人类和动物呼吸，还能形成保护地球不受空间辐射伤害的臭氧层。二氧化碳能保证植物生存，并且能转化成氧气。水从海洋蒸发进入大气形成云，又以雨和雪的形式降落到地面。这些气体之间的平衡竟是如此微妙。

演示
地球自转

1851 年，法国物理学家傅科发明了傅科摆，这是证明地球自转的巧妙方式。它是很长的单摆，缓慢摆动，当地球旋转时它能保持自己原有的方向。做此演示需要准备带盖的塑料瓶、手摇钻、两个带钩环的螺丝钉、细沙、漏斗、绳、木块、橡皮泥、短铅笔、卡片纸。该实验需要家长参与指导。

1. 用手摇钻在瓶盖上钻一个小孔，把钩环拧在盖上。用力拉一下看它是否牢固。通过漏斗把细沙装满 2/3 瓶子。拧紧瓶盖，检查钩眼能否承受瓶子的重量。

2. 用另一个钩环把木块固定在高于 5 米的某处，例如楼梯井的顶部。将长绳的两端系在两个钩环上。把短铅笔用橡皮泥固定在瓶底作为指针。

3. 在瓶子下面铺上大张卡片纸。现在让你的摆大幅度地摆动起来。观察铅笔在卡片纸上画出的摆动方向。每隔 20 分钟检查一次卡片上的标记，你会发现摆的方向随着地球的自转而慢慢地改变。

地球的内部

地球是太阳系中地质活动最活跃的行星之一。地核内产生的巨大热量，向上传递并推动了岩石表层的大陆板块，造成它们的运动。这种运动称为大陆板块漂移。板块相互推挤，会使地壳弯曲变形，隆起形成山脉；板块断裂或分离，会使地壳出现巨大的断层或裂缝。气候和水会对海岸线产生影响，它们逐步侵蚀岩石形成沉积物。这些沉积物有助于碳酸盐矿物质的形成。

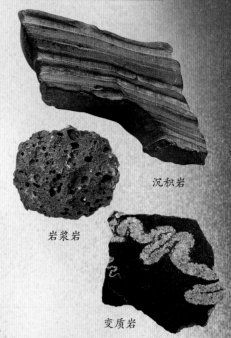

沉积岩

岩浆岩

变质岩

地球的结构

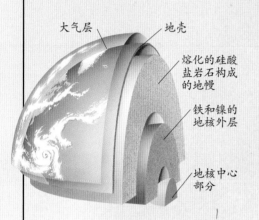

大气层　地壳

熔化的硅酸盐岩石构成的地幔

铁和镍的地核外层

地核中心部分

地球在形成时期吸收的热量以及由内部深处放射性元素产生的能量，使得在坚硬地壳下面的地幔层里，除了固体岩石，还有一些地方有熔融的岩石物质。地幔包围着地球的核。地核的外层主要是由熔化的铁和镍构成，而中心在巨大的压力下很可能是固态的。在高温高压之下，地球成了一个带电体。加上地核相对于地幔地壳的旋转不同步，产生了地球磁场。

岩石圈

地壳由三种岩石构成，即岩浆岩、沉积岩和变质岩。岩浆岩是火山喷出的熔岩逐渐变硬形成的。沉积岩是在风和水的侵蚀下，被风化的岩石和生物残骸等经过水流或冰川的搬运，层层沉积而形成的岩石。如果沉积岩或岩浆岩又被充分加热和加压，那么它们会重新熔化，矿物成分和结构都发生变化，形成变质岩。

欧亚板块

美洲板块

太平洋板块

非洲板块

印度洋板块

南极洲板块

移动的大陆板块

与金星不同，地壳不是一个整体，它碎裂成一些大的板块和许多小的板块。大陆板块大而厚，而海洋板块比较薄（如上图所示）。板块漂浮在地球熔融的地幔上，地幔缓慢移动，大陆板块也被带着一起移动。板块的边界通常是剧烈的火山和地震活动的区域，而深深的峡谷、连成串的火山以及绵长而迂回的山脊成为这类区域的标记。幸运的是，大陆板块的漂移非常缓慢——平均移动速度每年约1厘米。

阿尔弗雷德·魏格纳

大陆漂移假说是由德国地质学家阿尔弗雷德·魏格纳（1880—1930）于1915年首先提出的。他曾经注意到，非洲和南美洲大陆的海岸线似乎能够吻合成一体。魏格纳猜想，大约2亿年前，所有大陆是连接在一起的一个大陆块——"泛古陆"。魏格纳因此提出大陆漂移的观点。他的假说遭到当时人们的讥讽，但是今天地质学家已经找到确凿证据，证明大陆确实在漂移。

不宁静的地球

地球上有几百座陆地活火山，还有相当多的火山藏在海底。火山是地壳上的裂缝（漏孔或孔洞），它能够让地下熔融的岩石从炽热的内部上升，喷出地表。那里的地壳板块被拖拽裂开，在熔岩溢出填满裂缝时，新的地壳就形成了。火山带的形成与板块相互碰撞有关，在一个板块下陷时会出现一条绵长的火山带。板块互相摩擦的地区就是地震多发带。由此可见，火山和地震是大陆板块从未停止漂移的警报器。

分离中的大陆板块

大部分板块分离的区域都位于海洋，也有少数跨越陆地。最好的实例是在冰岛辛格韦德利附近的"大西洋中脊"（上图）。在那里，你能够清楚地看到明显的裂缝，它的左边是美洲板块，右边是欧亚板块。在板块漂移分离的地方，两大板块之间的地壳塌陷，形成了陡峭的断层峡谷。这类区域火山活动异常活跃。

造山运动的继续

大陆板块碰撞的区域，隆起形成山脉或火山。喜马拉雅山（左图，从空中拍摄的）从5 000万年（说法不一，现有5亿年的说法等）前印度洋板块与欧亚板块的一次碰撞开始，至今依然在继续向上隆起。在板块交界区，当一个板块插入另一个板块之下时，熔岩会通过上面板块边缘的火山喷发出来。

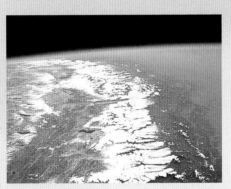

家庭实验
对流

大陆板块的构造活动之所以发生，是因为地球的地幔在不停地运动。它把热量从地核向外带到较冷的地壳。流体内部由于各部分温度不同而造成的相对流动称为对流。本实验展示对流的现象。准备两个木块、蜡烛、耐热玻璃碗、食用油、滴管、食用色素。该实验需要家长参与指导。

1.将蜡烛放在两个木块之间，在蜡烛两侧留出一些空间。请家长点燃蜡烛。将食用油倒进玻璃碗，达到1/2。把玻璃碗平稳地架在木块上，用滴管向碗中滴入几滴食用色素。

2.当底部的油受热时，它的密度减小，于是上升通过上面较凉的油。当它在表层扩散时，着色的油被自下而上的新油推向旁边，然后又下沉返回底部。与此类似，对流使大陆板块一直不停地运动。

月球

　　在太阳系各行星的卫星中，月球是不同寻常的。作为地球的卫星，它的个头相对地球显得太大，直径3 745千米，超过地球的1/4，这使它成为夜空中最明亮的天体。经过数亿年，地球引力的拖拽使月球自转变慢，所以现在月球的一面永久地朝向地球。由于月球如此巨大又离地球这么近，因此它对地球有很大影响。

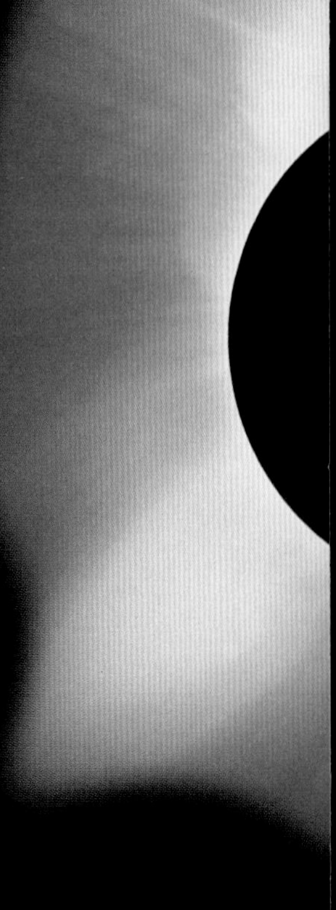

轨道和月相

　　每27.3天月球绕地球运转一周，并且保持着同一面面对着地球。它离地球的平均距离大约是38.4万千米。月球本身不发光，它通过反射阳光而明亮。在它绕地球运转期间，月亮看起来会呈现出不同形状，这就是月相。两次满月之间的间隔是29.5天。新月在地球和太阳之间——阳光全部照在月球的背面，因此我们看不到它。满月时月球恰好反向对着太阳，阳光完全照在它面向地球的这一面。

日全食发生时能看到日冕

7. 下弦月：月球运行到轨道全程的3/4，能够看到另外半个明亮的月亮。

8. 蛾眉月：又细又弯的月牙，方向和上蛾眉月相反，呈C字形，也叫残月。

6. 凸月：满月后的凸月称渐亏凸月。

5. 满月：朝向地球的整个圆面正好面向太阳。

月球轨道

从地球上看月球的景象

阳光

地球

1. 新月：阳光全部照在月球的背面，因此从地球上看不见月亮。

2. 蛾眉月：呈现出又细又弯的月牙，像眉毛一样，也称上蛾眉月。

3. 上弦月：月球运行到其轨道全程的1/4，能看到半个明亮的月亮。

4. 凸月：月球圆面上绝大部分是明亮的，故称凸月。满月前的凸月称渐盈凸月。

涨潮

月球对潮汐的牵引力

　　当月球的引力吸引地球时，会造成海洋水面凸起。随着地球每天的旋转，这些凸起会出现在相同的地方，于是我们就会看到海面上升（涨潮），而在两次凸起之间就看见海面下降（退潮）。纽芬兰的芬迪湾每天都会出现特别大的潮汐起落（见左图和右图）。

退潮

食

由于不可思议的巧合，太阳和月球在天空中看起来差不多大。其实月球的直径只有太阳的 1/400，但它距离地球也相当于太阳的 1/400。当月球、太阳和地球走到一条直线上时，月球能够完全遮住太阳灿烂的圆盘，只露出太阳暗弱的外层，这就是日食。类似的，地球有时也能用它的阴影遮住月球，形成月食。月食不是每月都能发生，原因是月球的轨道与太阳绕天空的路径（黄道）间有一个夹角，因此在多数情况下月球都是从太阳上方或下方通过。

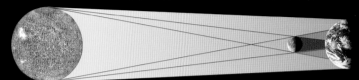

照射向地球的太阳光　　　　月球运动到地球和　　　　月球阴影的中心处
　　　　　　　　　　　　　太阳之间　　　　　　　发生日全食

日食

日食分为日全食和日偏食。在日全食发生过程中，月球完全遮住太阳，但是它的阴影仅仅投射在地球表面很小的区域上（见右边示意图）。在日全食周边地区，太阳和月球不完全处在一条直线上，月球只遮住太阳的一部分，出现的就是日偏食。

照射向地球的太阳光　　　地球的一半是白昼，阴影　　月球进入地球的阴影中，
　　　　　　　　　　　　中的一面是黑夜　　　　　月食发生

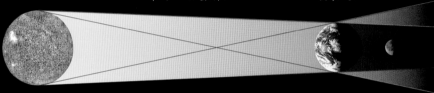

月食

在月食发生过程中，太阳、地球、月球恰好或几乎在同一条直线上。当月球运行到地球的阴影部分时，太阳光被地球部分遮蔽，会发生月偏食；全部遮蔽，就会发生月全食。月全食时，月亮并不会完全消失，而是出现一个暗红色的月亮。这是因为地球大气层像透镜一样，会把阳光中的红色折射到月球上。

家庭实验
月食

在月食发生期间只有红光照在月球上，这是因为地球大气层能够散射阳光，把它分解成 7 个单独的颜色。紫色、蓝色等光的波长较短，容易被大气层散射，而红光的波长较长，受散射影响不大，所以折射到月球上使它显出暗红色。请准备两个不同大小的球、台灯、干净的塑料瓶、水、一茶匙牛奶。

1. 把两个球和台灯等距离排列成一条直线，大球（代表地球）位于小球（代表月球）和台灯之间。拉上窗帘或关灯使房间变暗、打开台灯，此时"太阳"光照射到"地球"上，"月球"则隐蔽在"地球"的阴影中。

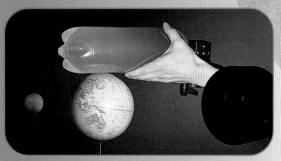

2. 在装满水的干净塑料瓶中倒入 1 茶匙牛奶，混合成"大气层"。悬浮在水中的牛奶将对光照产生影响，代表大气引起阳光的折射和散射。

3. 用手握着瓶子即"大气层"，放在"地球"之上。你会发现"月球"泛出暗红色的光亮，就像月食发生时那样。

67

月球世界

月球离地球很近，甚至用肉眼就可以看清它表面的暗影，它是航天员访问过的唯一地外天体。航天员眼中的月球，是一片荒芜、满身疮痍、没有任何大气或液态水的荒凉世界。月球上的山脉被覆盖着岩石和灰色尘埃的广阔"海洋"包围着。

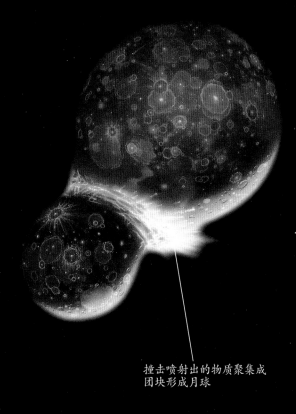

可能已凝固的内核

半熔化的外核

岩质幔

撞击喷射出的物质聚集成团块形成月球

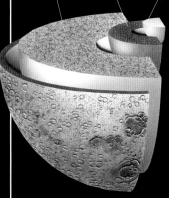

由类似于花岗岩的岩石构成的月球壳

月球的内部结构

月球是一个坚硬的岩质天体。与地球相比，它的体积和质量都很小，有较厚的月壳、月幔以及可能已经凝固的核。地球的引力吸引月核和月幔，使它们更靠近朝向地球一面的表层，这使得朝向地球一面的火山活动比月球背面要多。

月球的起源

卫星形成的一般理论不适用于月球。它个头太大，所以不太可能是由形成地球后的残余物生成，也不太可能是被地球引力俘获的过路天体。月球的岩石给这颗卫星的起源提供了一些线索：这些岩石看起来含有地球和其他天体的碎片。按照一种"飞溅"理论，很可能是一个体积类似火星、处于高速运动中的天体与当时还年轻的地球相撞，如上图中艺术家描绘的那样。熔化的物质从两个天体上飞溅而出散入空间，此后在轨道中聚集成团形成月球。

观看天空
月亮的特征

研究月面可以使用双筒望远镜或普通的天文望远镜。通过它们，可以看见环形山和山脉。观看月球的最佳时间是在上弦月和下弦月时（见第66页）。因为此时，阳光恰好照亮月球的"半张脸"，一条直线把月面亮的一边与暗的一边分开，月球表面的陨石坑、环形山、断裂层等都会形成阴影，观测起来更有立体感。

土被

月球没有能保护它的大气层，因此它无法阻挡天体，哪怕是极小的颗粒对月面的撞击。几十亿年来，大量陨星的碰撞把月球的表层基本捣碎，这些破碎的岩石和尘埃的堆积体，称为土被。它大约深100米，在它的下面还有更深的碎岩石层，这是由早期更大的碰撞形成的。

浅黑色的平原

明亮的高地

月陆和月海

月球主要有两种地形——明亮的月陆和暗灰色的月海（或者叫玛利亚，拉丁文"海"的意思）。月海大多集中在朝向地球一面，实际是广阔的平原，由玄武岩和富含铁的火山岩构成，通常被山脉包围。月陆是月球外壳中最古老的部分，它的表面遍布太阳系原始时期陨星碰撞形成的环形山，而月海是在这些碰撞停止以后才形成的。经测定，月海比月陆要年轻。

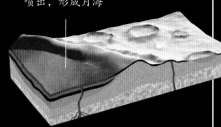

熔岩通过月球表面的裂缝喷出，形成月海

熔岩的海

30 多亿年前，大量小天体猛烈撞击月球表面，喷出的熔岩流入陨星撞击留下的盆地，慢慢变硬后形成浅黑色表面的月海。

宝贵的堆积物

由"伽利略"号探测器绘制的这幅伪彩色图（右下图），显示出月球土壤成分。红色的区域对应月球的高地，蓝色到橙色的阴影表明了古代的火山熔岩流或月海。蓝色阴影区比橙色区含有更多的钛。也许有一天月球的宝贵矿藏会被人类利用。蕴藏在月球两极附近的水冰，将来会成为人类建设月球基地的基本保证。

航天员留在月球上测量月震的仪器

月震

月球上也有月震，这是由地球引力造成的月球表层下的震动。一些天文学家报告说，在月球表面看到橙黄色的暗斑，这可能是月震期间散发出来的地下气体。由航天员完成的实验也包括测量月震。

火星——火红色的行星

横跨火星中心的裂缝是一个巨大的峡谷——水手谷

　　火星长期以来一直强烈地吸引着天文学家。这个离太阳第四远的岩质行星，在夜空中闪烁着红色的光芒。若干世纪以来，特别引起观察者兴趣的，是它那经常变化的红色表面与白色的极冠。虽然气候又干又冷，但火星仍然是一颗最类似地球的行星，每天时长 24 小时 37 分，自转轴有 25° 的倾斜角，也有季节变化。

火星的运行

　　火星运行在地球轨道以外的椭圆轨道中，在每一个火星年中它与太阳的距离变化很大。因为地球比火星更靠近太阳，所以地球在公转轨道中的运行速度比火星快。当两颗行星并排在太阳的同一侧时叫作"冲日"，这时火星在几周内的运行显得非常怪异。当地球快追上它时，火星看起来好像在朝后运行，如下图中奔跑的运动员。这种现象称为退行。之后当地球沿轨道继续前行，它好像又向前移动了（见右边的示意图）。

这些暗淡的圆形物是庞大的火山

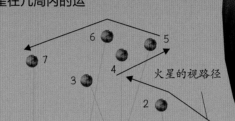

火星的视路径

从跑道内侧运动员的角度看，外侧的运动员正在向后运动

跑道内侧的运动员加快速度，在超越外侧的运动员

火星的轨道

地球的轨道

太阳

夜观星空
火星

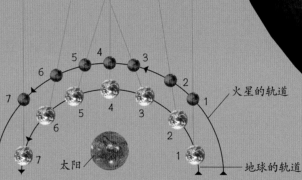

地球与火星在远日点冲日

太阳

地球

火星　　地球与火星在近日点冲日

　　火星因为红颜色很容易被认出。从地球上看，火星的亮度变化远超过其他行星。当它在太阳另一侧时，显得很暗淡。而当每两年地球与火星互相接近时，火星则成为天空中最明亮的天体之一。由于火星的轨道是偏心率相当大的椭圆，因此在冲日时两颗行星之间的距离差异非常大（见左边示意图）。最接近的冲日距离是 5 600 万千米，但很难出现。

火星最明亮时看起来比木星更亮。本图所示为黄昏时的天空，左边是火星，右边是木星

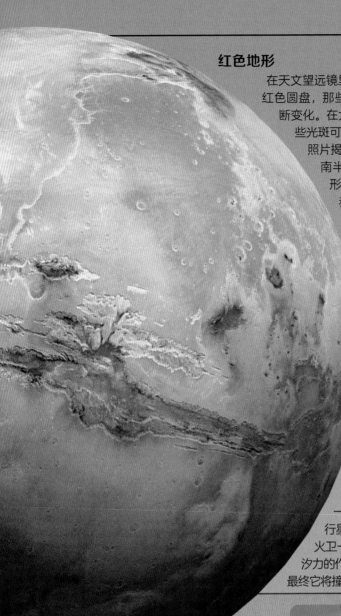

红色地形

在天文望远镜里，火星像个带有明暗光斑标记的红色圆盘，那些光斑有的持久不变，有的却在不断变化。在太空时代来临前，天文学家认为这些光斑可能是水合植物。航天探测器拍摄的照片揭示出火星的北半球是低矮的平原，南半球却是有很多与月球相类似的环形山高地。塔尔西斯隆起坐落在火星赤道、水手谷的西边，是一个高9千米、宽3000千米的火山高原。由中心往外围高度缓慢降低，很多沟槽放射状地由中心向外围延伸，其中一道裂成了巨大的水手谷，这是比地球上任何峡谷都大许多倍的大峡谷。高原上有许多巨大的死火山。

冰冠

火星最明显的特征就是它的极冠。北极冠主要是水结的冰，而南极冠大部分是冻结的二氧化碳（上图夸大了极冠的分层）。极冠随季节变化会增长和收缩。

斯基帕雷利的火星图标示出汇合于浅黑色平原的"运河"

火星的卫星

火卫二　　　　　火卫一

两颗极小的卫星——火卫一和火卫二，围绕火星运转。这两个形态古怪的卫星可能是被火星俘获的小行星，它们的直径仅有几千米。火卫一到火星的距离比其他卫星离自己的母行星的距离都要近。由于轨道离火星很近，火卫一绕火星的转动快于火星的自转。在潮汐力的作用下，火卫一的轨道半径在逐渐变小，最终它将撞到火星表面，或者破碎形成火星环。

火星上的"运河"

19世纪末期，许多天文学家观察到火星表面有发暗的条纹。意大利一名叫乔万尼·斯基帕雷利的天文学家把它们称为河流，这个词的本义是水道，但是翻译的错误使人们误以为是火星人开凿的运河。现在我们已经知道那些条纹是错觉，是眼睛把暗淡的黑点"连接起来"造成的。

家庭实验

火星的尘埃

火星的颜色是由含有锈红色氧化铁的物质造成的。很久以前，火星可能有丰富的液态水，它能使铁生锈。在本实验中你可以把细沙转变成火星的尘埃。请准备烘烤盘、细沙、洗涤用手套、剪刀、极细的钢丝、水。

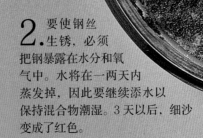

钢丝已变成红色尘埃

1. 用细沙装满烘烤盘的1/2。戴上手套，将钢丝绒剪成2.5厘米长的碎段混入细沙。把水倒入烘烤盘，使水恰好覆盖住碎钢丝和细沙。把盘放在安全的地方。

2. 要使钢丝生锈，必须把钢暴露在水分和氧气中。水将在一两天内蒸发掉，因此要继续添水以保持混合物潮湿。3天以后，细沙变成了红色。

火星的表面

火星表面是没有液态水和植被的冻结的荒芜旷野。在形成初期，火星可能曾经是温暖湿润的，甚至还可能有原始生命。科学家至今尚未确定火星变成今天这般寒冷荒漠的原因。尽管如此，火星仍然是一个令人惊奇的复杂天体，那里有不少太阳系中最壮观的"旅游胜地"——最高大的火山群、巨大的峡谷以及在火星的春季里冻结的二氧化碳融化时冒出"烟雾"的冰极冠。

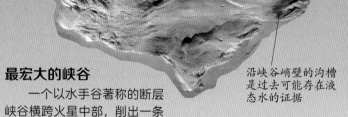

沿峡谷峭壁的沟槽
是过去可能存在液
态水的证据

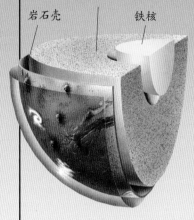

硅酸盐岩石构成的幔
铁核
岩石壳

火星的内部

火星内部结构简单，一层硅酸盐岩石构成的幔包围着一个小铁核。因为火星比地球小，所以它相当快地冷却下了来。熔岩不再被喷发到表层上来，它的核可能已经凝固。当火星还在活动时期，它的火山喷出的熔岩流形成的平原增长到惊人的规模。火星没有可移动的壳，在长达数百万年的时间里，熔岩从相同的地方倾泻而出。

最宏大的峡谷

一个以水手谷著称的断层峡谷横跨火星中部，削出一条又深又长的裂缝。这个断层体系实在是太长了，如果放到地球上，足以从东到西横穿整个美国。它的峭壁向下直落的平均深度达 6 千米。图的上部所示是大峡谷的一部分——欧弗峡谷，它是由火星壳的一次断裂形成的。

火星地貌照

在遥远的过去，火星的表面形态经历了陨星的碰撞、震动、火山爆发以及洪水冲击后形成。现在，只有风沙侵蚀塑造着火星的面貌。这幅地貌照（见下图），是美国国家航空航天局发射的探测器"火星探路者"号拍摄的，图中所示为典型的火星景象，或许是几百万年前被大洪水冲来的破碎岩石，被包围在由红沙构成的沙海中。

火星的沙丘

高大的奥林帕斯山

奥林帕斯山是太阳系中最高大的火山。它的底面积比整个英国的面积还大，高度超过21千米。该火山早已熄灭，不过当它还是活火山时，很可能没有这么高。随着熔岩不断地缓缓溢出，年长日久，逐渐累积升高到破纪录的高度。

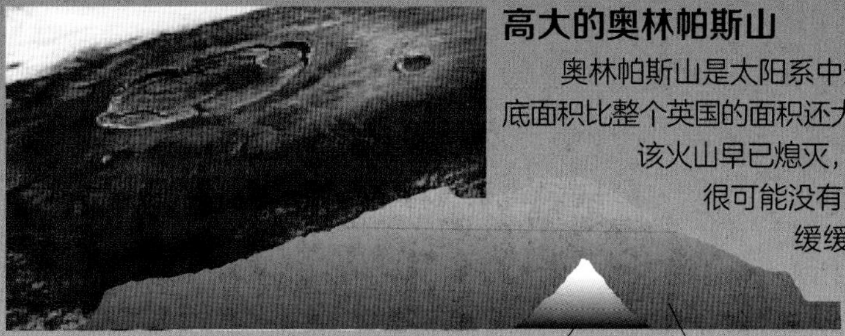

奥林帕斯山与地球上的珠穆朗玛峰比例示意图

8 844米　　21 287米

带有红色细沙尘埃的大气使火星呈现红色

简单生命可能诞生在温暖的湖水中

红色的天空

火星有稀薄的大气，主要成分是二氧化碳，只有极微量的氧和水蒸气，没有臭氧层，这意味着火星被暴露在危险的紫外线辐射中。二氧化碳和水蒸气有规律地形成云，疾风把尘埃扬起，暴发类似于地球上的龙卷风。被大风刮起的极细的红沙悬浮在大气中，所以火星的天空略带粉红色。

全球性的风暴

当火星靠近太阳时它的气候会发生异常变化。猛烈的风暴把尘埃粒卷到空中，整个行星笼罩在一片红色沙尘之中。火星的尘埃极细，能够在大气中停留数周。

火星的海洋

天文学家在火星表面发现了已经干涸的泛滥平原，这表明火星曾有丰富的液态水。现在，大量的水被冻结在表层下面。想象一下火星曾被海洋覆盖，这是一件令人感兴趣的事。右上图描绘出火星开始干涸并变冷时可能具有的面貌。

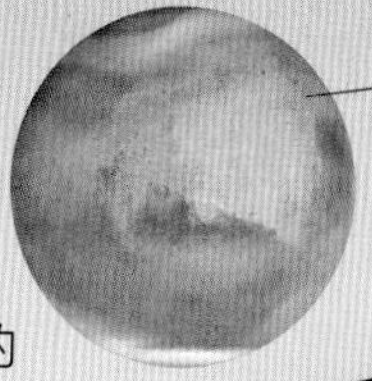

风暴前的火星

风暴笼罩整个火星

极细的粉末状沙子

名为双峰的两座低矮的山丘

"火星探路者"的使命

太阳能电池板

天线

岩石分析仪

带齿的轮

继1976年"海盗"号登陆火星成功后，美国航空航天局加快步伐，提前执行它的1997年"火星探路者"计划。"火星探路者"号配备一台长60厘米名为"索杰纳"的火星车（见左图）。"索杰纳"背部装有太阳能电池板，以提供探测火星地表的动力。它携带的X射线分光仪是它的"鼻子"，用来"嗅闻"它遇到的岩石并鉴别岩石中的化学物质。这是美国航空航天局首次将其探测结果直接传入互联网。

木星

木星是太阳系内最大的行星，它的体积大得足以"吞掉"1300个地球。它与火星之间是小行星带，它的平均轨道半径是火星到太阳平均距离的3倍多。木星是自转速度最快的行星——它自转一周不到10小时，这造成它赤道向外凸起，形成旋涡带状的浓云，这给木星带来独特的外貌。

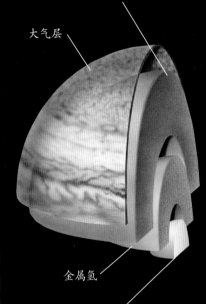

液态的氢和氦

大气层

金属氢

可能是固体的核

木星的内部结构

虽然木星被称为气态巨行星，但是它仅有1000千米左右的外部是气体。在更深的内部，来自上方的强大压力把气体转变成液体。木星主要由氢构成。如果你能够进入木星去旅行，那么你会遇到液态氢和液态氦形成的海，以及类似于液态金属的奇异形态。在木星的中心，可能有一个地球大小的岩核。

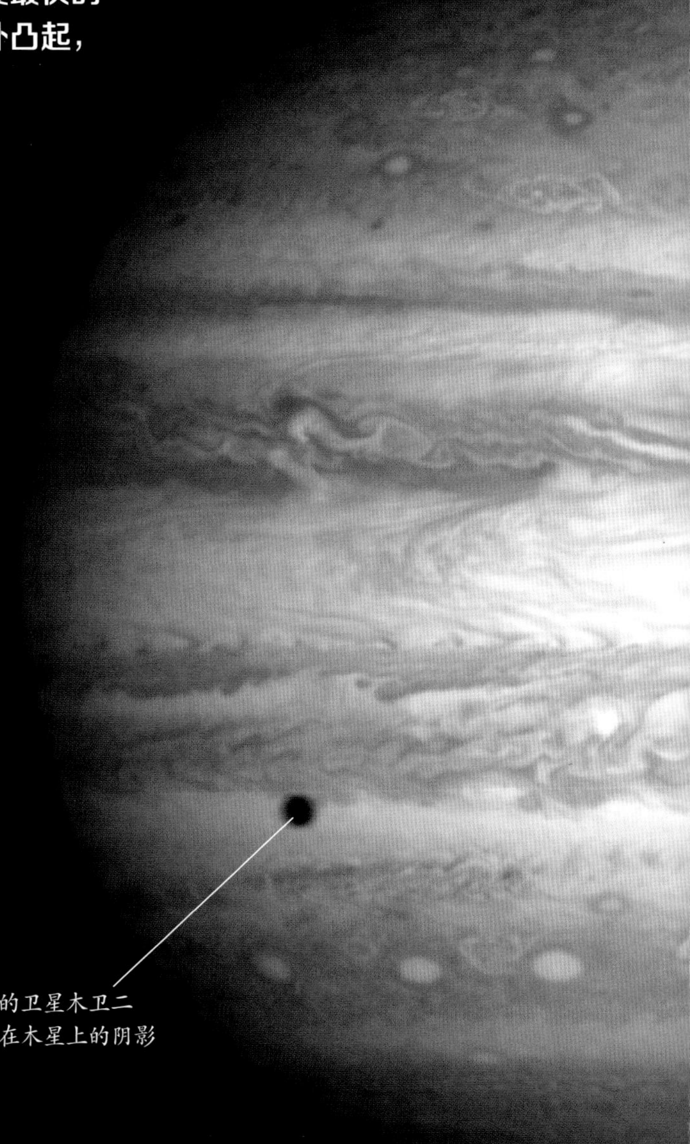

木星的卫星木卫二投射在木星上的阴影

木星及其卫星

木星相当巨大而明亮，很容易被认出。用双筒望远镜观察，它看起来像个小圆盘。你还有可能看到它的4颗最亮的卫星。在上图中能看到木卫二（最靠近木星）、木卫一（木卫二的上方）和木卫三（左下）。小型天文望远镜能够显示出木星大气层中的带状条纹，甚至还可能显示出大红斑。

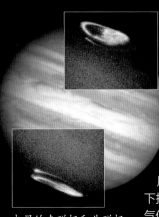

木星的南磁极和北磁极上方的极光

木星的磁场

金属氢的涡流下沉到木星内部，使木星产生强大的磁场。磁场向远离太阳的方向延伸，恰似地球的磁场（参见第94~95页）。这个磁场延伸得极远，以致在土星周围也能探测到。木星的磁场俘获从太阳风中带来的大量粒子，并把它们向下拉向木星的磁极。粒子与大气中的气体碰撞，可能造成极光的猛烈暴发，产生极光暴的光环（见左图）。

风暴天体

木星大气的上层有巨大风暴形成的旋涡。云的颜色变化出现在大气层中的不同高度。大气中的化学物质在不同的温度下结成冰晶。蓝色的云出现在大气层的最深处，在它上面是硫化氢铵形成的暗褐色条带。再上面是奶油色条带或"环形带"，由氨的晶体构成。像大红斑那样的红色旋涡，出现在整个大气的最高层，它们的颜色很可能来自于含有红磷的化合物。

彗星撞击产生的火球

纵深的撞击

木星的引力如此巨大，使它经常俘获过路的天体。这对维持太阳系内部的安全，保护地球不受碰撞起到了重要作用。1994年，苏梅克－列维9彗星和木星相撞，彗星粉身碎骨后落入木星。撞击从木星内部深处搅起的化学物质，让天文学家窥测到了木星云层下的奥秘。

大红斑

木星给人印象最深刻的特征就是大红斑，那是一个已经肆虐了300年或更长时间的强大风暴。同地球上一样，木星上的风暴也是大气向外轻微膨胀的低气压区域。大红斑比周围的云高出8千米。

家庭实验
创造风暴

木星的风暴，因受行星大气层湍流的影响，显得变化无穷。有时风暴会突然消失，有时却会把周围的风暴通通搅和在一起，形成令人惊讶的规模。本实验向你说明怎样模仿木星的风暴。请准备碗、全脂牛奶、黄色与红色的食用色素、洗涤液。

1. 把一杯牛奶倒入大碗中，然后把黄色与红色食用色素向大碗中各滴入一滴，非常缓慢地旋转大碗来模仿木星大气的运动。

2. 现在向两种食用色素的液滴上再各滴入一滴洗涤液，再次缓慢旋转大碗，观看风暴的酝酿过程。

木星的卫星

　　至少有 69 颗卫星绕着木星运转。大部分外围卫星个头小、光线暗淡，具有杂乱无章的运行轨道，这标志着它们都是被俘获的小行星。只有 8 颗比较靠内侧的卫星可能是与木星同时期形成的。最靠近木星的是一些很小的卫星，木卫十六、木卫十五、木卫五以及木卫十四，再往外是比较大的木卫一、木卫二、木卫三和木卫四。这 4 颗被伽利略发现的卫星，称为伽利略卫星。它们的体积与月球相似或比月球还大，每一颗都有自己的特殊性质。

木卫一是太阳系中火山活动最剧烈的天体

木卫三与木卫四

　　木卫三是太阳系中最大的卫星，木卫四是太阳系中第三大卫星、木星的第二大卫星。它们看来都是由岩石和冰的混合物构成，内部层次分明。木卫四表面遍布陨星坑，冰深藏在它那暗淡表层的下面。木卫三表面光亮的成片斑纹表明是表面融化后重新冻结，并且嵌进色泽黑暗的物质而形成的。木卫三上有磁场，它和木卫四的表层下可能都存在着液态海洋。

木卫四淡黑色表层布满明亮的冰陨星坑

家庭实验
木卫四的陨星坑

　　木卫四表面布满纹线四射的明亮的陨星坑。这是在陨星撞击它时，从表层下抛射出的光亮的冰形成的。下面的实验能够展示这一过程。请准备旧报纸、细筛、面粉、可可粉、石块或弹球。

1. 在地板上用旧报纸铺出一大片区域。用细筛将面粉过筛后，在报纸上形成一个圆锥形。再用细筛在面粉上面筛出一层薄薄的可可粉，把面粉完全盖住。

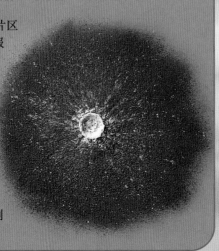

2. 站在面粉堆边，手拿石块或弹球，让它们坠落在面粉堆的中心。"流星"的撞击会形成一个陨星坑，下面的面粉会溅向四周，呈射线状盖在可可粉上。让更多的"流星"坠落，你就可以制造出木卫四的表面了。

木星最大的卫星木卫三比水星的体积还大

木卫一与木卫二

虽然同样靠近木星，但木卫一和木卫二却是两个非常不同的天体。木卫一上火山活动异常猛烈，而木卫二却相反，它整个表层是由晶莹光亮的冰构成的广阔平原，上面遍布冰融化后重新冻结而形成的紊乱交叉的裂纹。尽管如此，木卫一和木卫二还是有很多共同之处的。天文学家测量了它们的质量，发现这两颗卫星表面主要是由岩石构成，不像木卫三和木卫四那样含有太多的冰。

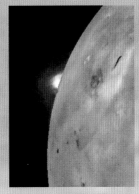

火山天体

木卫一由于火山活动相当剧烈，以至于几十年内就能使其整个外貌更新。这种火山活动被1979年飞掠木星的"旅行者"1号探测器首先发现。"旅行者"1号发现木卫一表层没有陨星坑，由此断定它的表层肯定非常年轻。探测器还拍摄到间歇喷泉喷发的景象，记录下熔化的硫被高高地喷到太空中的情景。

洛基（北欧神话人物名）是木卫一上的一座活火山

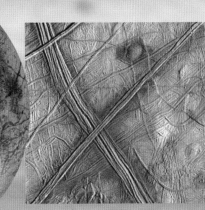

在木卫二光滑的表层下面也可能有液态海洋

木卫二冰表层上的裂缝可能是由于它下面存在上升暖流

海洋世界？

木卫二的外表包裹着一层粉红色的冰，交错在它表面的线纹显示出木卫二是非常活跃的。受木星引力的影响，木卫二的冰层会起伏运动，这个过程能产生足够的热量，使木卫二的冰壳下面也存在一个液态水的海洋。当木卫二的冰壳断裂时，海水向上冒出，在它暴露于空间时冻结，于是新结的冰弥补了裂缝。一些天文学家还认为，木卫二也有类似于地球上那样的海底火山。

家庭实验
木卫三的冻结板块

木卫三的表层由较年轻的冰层包裹着较古老的地层。天文学家认为大个小行星撞击可能击穿木卫三的表层。在断裂的表层再次被封冻以前，半融化的冰有可能向上通过断裂处渗出。本实验能够显示现在木卫三表层的外形。请准备水、浅盘、冰柜、食用色素、防热玻璃碟、木勺。

1. 把水倒入烤盘中冷冻一夜。第二天，在碟中倒入半碟水，用食用色素给水添点色彩。把碟子放入冰柜中大约10分钟，然后取出。

2. 从冰柜中取出烤盘，用木勺把冰砸成参差不齐的大块，再放入着色的水里冷冻大约1小时。杂乱的冰块被新结成的冰包围着，很像木卫三的表面。

伽利略
（1564—1642）

木星4颗最亮的卫星是意大利科学家伽利略发现的。他也是最早使用天文望远镜观察天空的科学家之一。伽利略的许多天文发现（包括这些卫星的发现），使他认识到所有行星都是围绕太阳运转的。当时天主教的教义认为所有天体都是围绕地球运转的。这一发现把他卷入与天主教会争论的旋涡。

土星

土星是太阳系的第二大行星，也是一个壮观的气态天体。土星最明显的特征是它的光环，土星光环的直径超过土星直径的两倍。主光环既薄又亮，在地球上用小型天文望远镜就能看清楚。土星是肉眼可以看到的最遥远的行星，也是天文望远镜发明之前古代天文学家非常熟悉的行星。土星的卫星大家庭至少有 62 个成员。

带光环的行星

土星的光环非常宽，宽度达 6.6 万千米，但却非常薄，平均厚度只有不到 30 米。从地球上观察土星光环看到的形状，取决于地球和土星的相对位置。土星的自转轴和地球的一样也是倾斜的，倾斜角 27°。当光环盘面对地球时，我们就能够看到它；当光环的边缘对着地球时，光环看上去好像就消失了。自转轴的倾斜，也使得土星有不同的季节，就像地球自转轴倾斜造成的季节变化一样（参见第 62 页）。

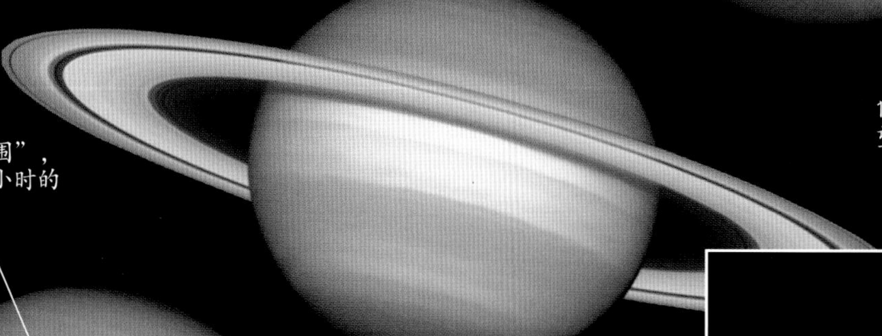

土星光环宽度达6.6万千米，但平均厚度却只有20米左右

1996年至2000年期间，哈勃空间望远镜获得的土星图像

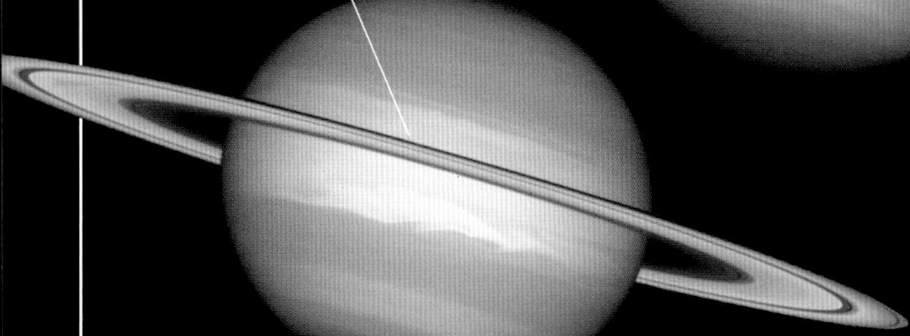

土星有膨起的"腰围"，这是由周期不到11小时的快速自转造成的

气体行星

土星中轻的气体所占比例很大，这使得它成为太阳系密度最低的行星。虽然含有与木星几乎相同的化学物质，但是土星毫无艳丽的色彩。由高速风造成的不同形状的奶油色环状云带围绕着土星，土星比较明亮的色彩被白色的氨云形成的薄雾所减弱。

令人惊异的光环

土星最明亮的光环，如这幅增强色彩的图像所示，是由大冰块构成的。冰块的体积从 1 厘米到几十米不等。土星有几个主要的环：比较暗淡的 C 环（也称黑纱环）、比较明亮的 A 环和 B 环，A、B 两个环被卡西尼缝（参见第 45 页）分开。在这三个环的内外侧还有另外一些光环，它们是由很小的颗粒构成的。

从地球上观测，随着时间的不同，土星光环会呈现出各种角度

土星膨起的赤道

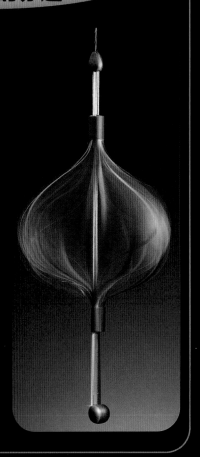

土星赤道膨起超过其他行星，这是由于它快速的自转以及相对较弱的引力造成的。本实验可以说明赤道膨起的原因。请准备剪刀、直尺、彩色纸、饮用吸管、胶带、木棍、橡皮泥、松紧带和铅笔。

1. 剪出20条彩色纸条，每条的规格为5毫米×300毫米。剪出两段吸管，每段长25毫米。把两段吸管分别套在木棍的两端使吸管可以滑动，用胶带把彩色纸条的两端分别固定在两端的吸管上。

2. 把吸管上的胶带用多剪出的彩色纸条覆盖起来，检查吸管能否在木棍上自由移动。把橡皮泥固定在木棍的底端，将松紧带一端拴在木棍顶端，然后把铅笔和松紧带的另一端连结当作把手。

3. 握住把手提起制作好的模型，旋转木棍15次以上，使松紧带逐渐扭起来。放手让木棍回转，此时你会看到彩色纸条中部膨起，这是由于纸条试图从控制力量最弱的部位脱离，因此使纸条的"腰围"鼓了起来。

土卫六

土星最大的卫星是土卫六，它是太阳系第二大卫星，也是太阳系最神秘的天体之一。2005年"惠更斯"号探测器（见上图）进入土卫六大气层降落时，我们才第一次看清了它的表面。土卫六的个头比水星还大，表面有一个由氮和甲烷气体构成的大气层，整个卫星笼罩在橙色化学物质的薄雾下。土卫六表面布满了液态甲烷和乙烷构成的湖泊，遍地沙丘，还有峡谷。土卫六上降下的甲烷雨在地表形成了大量河流侵蚀的山谷和三角洲。

惠更斯
（1629—1695）

1655年，荷兰天文学家惠更斯发现土星巨大的卫星土卫六。他也是揭示土星光环本质的第一人。在惠更斯的论文发表以前，人们把土星光环看成是土星上的神秘突出物。惠更斯制造了当时最好的天文望远镜。他还极其关注其他科学领域。他有许多科学发明，其中包括摆钟。

宇宙中的靶子

土星有62颗卫星，其中大部分是被俘获的小行星，也有一些是和土星同时形成的天然卫星。土星卫星中有一部分是冰质天体。最靠近土星的卫星是土卫一，在历史的早期它曾遭遇非常暴烈的撞击，现在依然带着当时留下的伤痕——一个相当于木卫一直径1/3的庞大的陨星坑（见上图）。

天王星

天王星是从太阳向外数的第七颗行星。它到太阳的距离大致是土星到太阳距离的两倍，它每84个地球年绕太阳运行一周。由于离太阳太遥远，天王星极其寒冷。它是1781年由英国天文学家赫歇尔用当时最好的天文望远镜发现的。由于大气中含有大量甲烷气体，天王星具有鲜明的蓝绿色彩。与其他巨行星相比，天王星上的风暴很少。

"打滚"的天体

当天王星绕太阳运行时，它的自转轴倾斜达97.77°，因此说它躺在轨道上滚动一点都不夸张。这种奇怪的倾斜，可能是太阳系诞生初期另一个天体与它碰撞造成的。这对天王星的气候也产生了一种奇怪的影响。天王星的南北极在它公转的半个周期内几乎是接受太阳直射的，按理说两极地区得到的太阳能量应该比赤道地区高，然而天王星的赤道地区仍比两极地区热。这其中的原因还不为人知。

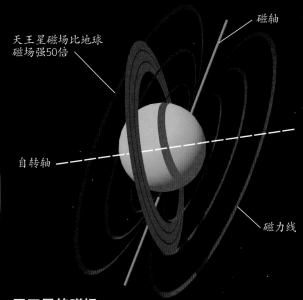

天王星磁场比地球磁场强50倍

磁轴

自转轴

磁力线

天王星的磁场

天王星的倾斜可能有点奇怪，而它的磁场就更奇特了。由于磁轴与天王星自转轴形成一个很大的夹角，所以磁力线不从天王星中心通过。在由氢、氦和少量甲烷构成的外部大气层的下面，天王星有一层半融状态的幔。这层幔由液态的和冻结的较重化学物质构成，里面包裹着一个石质的核。天王星的磁场好像产生在幔中，而不是在它的核心。

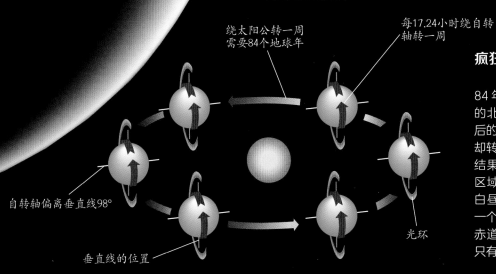

绕太阳公转一周需要84个地球年

每17.24小时绕自转轴转一周

自转轴偏离垂直线98°

垂直线的位置

光环

疯狂的白天

在天王星公转周期84年的一半时间里，它的北极直对太阳，而此后的42年里，它的北极却转向太阳的相反方向，结果使得天王星的不同区域有时间差别极大的白昼。极点附近区域的一个白昼长达42年，而赤道地区的一个白昼却只有17小时。

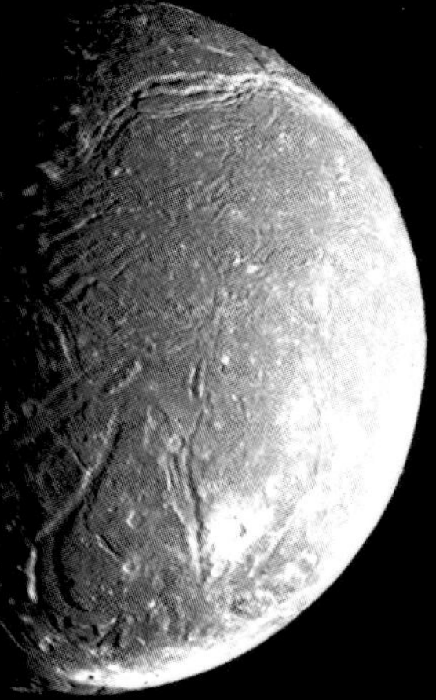

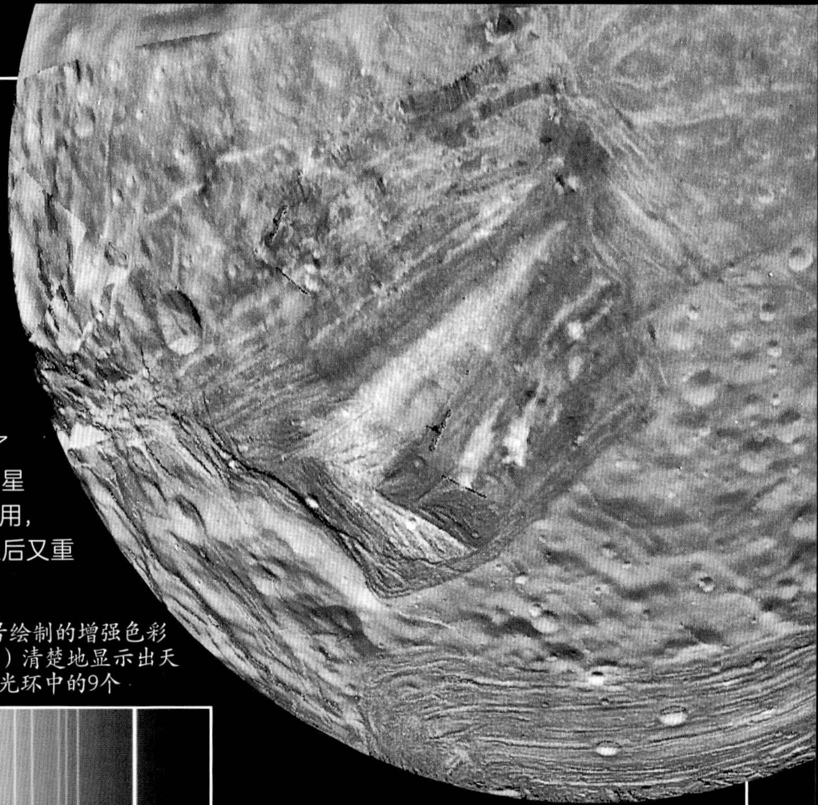

神秘的天卫五

天卫五的直径为480千米，它可能是太阳系外表最离奇的天体。它的表面像是各种类型的地形疯狂拼凑成的。过去人们认为它是被撞击而破碎，然后又重新聚集成一体的。现在大部分天文学家认为，天卫五频繁的地质活动造就了其现在的地形，或者是天王星以及比较大的卫星的引力作用，使天卫五曾经部分地熔化之后又重新成形。

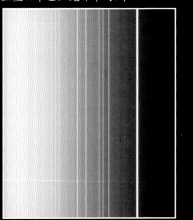

天卫一的照片，"旅行者"2号于1999年拍摄

光环和卫星

天王星有27颗卫星，还环绕着为数众多的暗淡光环，这些天体都有一个圆形轨道围绕着天王星的赤道旋转。5颗最大的卫星（按距离天王星由近到远排列）是天卫五、天卫一、天卫二、天卫三和天卫四。这5个天体上都有远古时期地质活动的迹象，其中数天卫三和天卫四最明显。截至2013年，在天卫五的轨道内侧又发现了13颗直径小得多的卫星。在天卫四轨道外侧还有很多不规则卫星，它们可能是被天王星捕获的天体。

"旅行者"2号绘制的增强色彩图像（见下图）清楚地显示出天王星11个已知光环中的9个

天王星的稀薄光环

天王星的光环和土星的光环有非常大的差别，天王星的光环又细又窄，都是由一些色泽极暗的物质构成的。这些光环是在1977年被偶然发现的，当时天王星正从一颗遥远的恒星前面经过。暗淡的色彩或许表明它们被甲烷或其他碳基化学物质包裹着。

家庭实验
发现光环

天王星自转轴反常的倾斜使天文学家能够发现它那一系列细窄的光环。当这颗行星从一颗遥远的恒星前经过时，它的光环会一个接一个连续遮挡一部分恒星的光，观察恒星时会看到光的变化。可以运用自制的光环和一个手电筒对上述的效应进行观察。准备黑色泡沫板（美术用品商店有售）、11支黑色铅笔、手电筒。该实验需要家长参与指导。

太空中一个天体挡住我们观察另一个天体的视线时，叫"掩星"

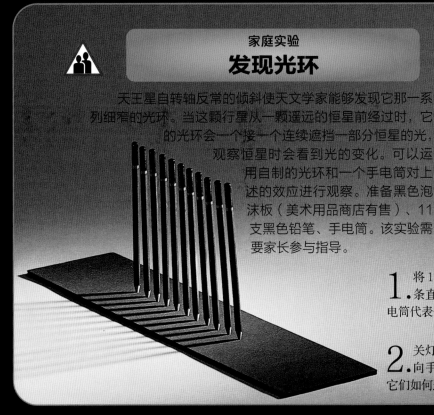

1. 将11支铅笔尖端依次插入泡沫板，使它们直立在一条直线上（见左图）。铅笔代表天王星的光环。手电筒代表一颗遥远的恒星，要放在离铅笔1米远的位置上。

2. 关灯使房间变暗，打开手电筒开关，通过"光环"向手电筒方向看。反复向两边移动"光环"，观察它们如何遮挡"恒星"的光。

海王星

　　从太阳向外的第八颗行星是一个极其严寒又暗淡的天体。海王星与天王星在体积和色彩方面几乎是一对双胞胎。然而，海王星的大气活动相当活跃，具有太阳系所有行星都没有的恶劣气候。它的内部结构与天王星类似，它的自转轴和公转轨道面的倾斜角只有 28.3°。海王星是通过计算轨道才被发现的行星。天文学家确信在天王星轨道外还存在一个未知行星，它的引力影响到天王星的轨道。1846 年，他们在准确预测的位置上发现了海王星。

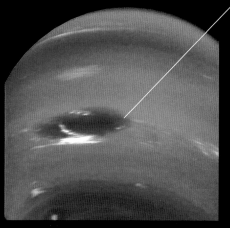

1989年在海王星上见到的大黑斑，南边有白色风暴云

超强风暴的气候

　　海王星上的风可谓是太阳系最强烈的风，风速高达 2 100 千米每小时。尽管离太阳相当遥远，但海王星的云顶温度却和天王星的大致相同，达到 -214 ℃。海王星内部产生的能量比从太阳获取的多，热量从内部散出来也对大气运动产生影响。海王星每 16 小时自转一周，高速旋转使它的云延展到行星周围，形成了旋涡带状云。

暗斑和风暴云

　　在海王星大气层中，不同深度的云以不同速度和不同方向移动着。暗斑出现在大气层底部，运行比较缓慢，运行方向竟然和行星自转方向相反。高处白色的风暴云把阴影投向低处深蓝色的云，然后被后续的风吹散。

奇怪的光环

　　多少年来，天文学家一直不能确定海王星是否有光环。当海王星从遥远恒星前面经过，有时恒星的光会变暗，有时却不会。有些天文学家猜测，海王星可能只有光环弧，就是一些不完整的光环小段。1989 年，"旅行者" 2 号拍下海王星及其光环的图像，天文学家终于解开了这一秘密。这幅图像（见右图）表明海王星确实有光环，但光环的一些部分显然比其他部分厚。

海卫一

海王星有 14 颗已知卫星,但与海卫一的个头相比,其他卫星就相形见绌了;因为海卫一的直径只比月球略小。海卫一绕行星的轨道是个几乎完美的圆形,但运行方向却是逆行。天文学家认为,海卫一以前可能是一个类似冥王星的天体,它偏离了原来的轨道,被海王星引力控制。至于海卫一为何逆转,现在还是众说纷纭。

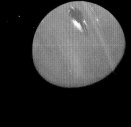

海卫一的表面涟漪可能表明它内部曾经熔化并不断有气泡穿出表层

海卫一的发现

拉塞尔(1799—1880)

拉塞尔是一个英国酿酒商,也是一位业余天文学家。他建造了世界上最大的赤道式架台望远镜,它有 60 厘米口径的镜用合金反射镜。1846 年,他在海王星发现后的第 17 天,用这架望远镜发现了海卫一。之后,他又发现了土卫七以及几百个新的星云。

家庭实验
凝结的大气

海卫一相当寒冷,它稀薄的大气层中的大部分,像坚固的冰一样冻结在地表上。在本实验中,你可以利用水蒸气流重现冷冻的影响。请准备橡皮泥、线绳、细木棍、热水碗。该实验需要家长参与指导。

1. 制作橡皮泥圆球代表海卫一,将线绳的一端拴在球体中部,另一端拴在木棍上。把"海卫一"放进冰柜冷冻几小时。

2. 请家长烧一些水。从冰柜中取出"海卫一",握住木棍把球放在热水上升的气流中约几秒钟。移动小球,这时你能看到水蒸气像极薄的一层冰,已经凝结在"海卫一"的表面上。

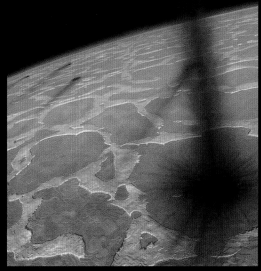

海卫一上的冰间歇喷泉

与其他卫星都不同,海卫一是具有多样化地貌的冰冻天体。上图中那条煤烟似的灰黑色条纹来自冰间歇喷泉。尽管是太阳系最古老的天体之一,但海卫一上依然有活火山。看来是逆向的轨道运转产生的潮汐力,保持着它表层的活跃。

冥王星和卡戎

冥王星个头不大，体积仅有月球的2/3。冥王星原本属于行星家族。2006年，国际天文学联合会宣布，把冥王星降级为矮行星。它有长达248个地球年的公转周期。在每个公转周期中，大约有20个地球年它比海王星更接近太阳。冥王星是由岩石和冰构成的一个固态球形天体。冥王星和卡戎构成了一个双矮行星系统。

卡戎

双矮行星

过去被看成冥王星卫星的冥卫一卡戎，现在也成了矮行星。它的个头达到了冥王星的一半，它们之间的距离仅有19 740千米，构成了一个双矮行星系统。由于卡戎的体积和冥王星相差不大，所以冥王星和卡戎系统的质量中心落在这两个天体之外，它们互相绕转。卡戎有一面永远朝向冥王星，它的引力使冥王星自转变慢，约6天9小时自转一周。而冥王星也以同样的一面永远对着卡戎，这意味着在冥王星的一面永远能够看到卡戎，在另一面却根本看不到它。

冥王星与卡戎就像一个杠铃的两端，被面对面地锁定在各自的轨道中

1930年1月，汤博通过对23日和29日拍摄的照片进行比较而发现了冥王星

发现

冥王星的发现是经过预先筹划而获得的结果。当时，天文学家认为海王星在公转轨道中有明显晃动的原因，可能是在它外边有另外一个天体。于是，美国天文学家汤博（1906—1997）开始搜寻天空。由于冥王星非常暗淡，他只能在同一天区分几个夜晚拍摄照片，然后寻找有位移的天体。幸运的是，汤博几个月内便发现了冥王星。后来，天文学家发现，其实海王星的轨道晃动是计算错误所致。因此可以说，汤博搜寻的结果是由一个错误的计算带来的。

冥王星的发现者克莱德·汤博在用闪光比较仪研究星空图像

冥王星

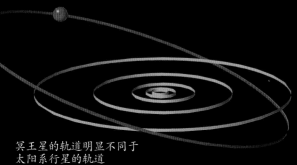

冥王星的轨道明显不同于太阳系行星的轨道

冥王星的轨道

冥王星绕太阳运行的轨道是一个偏心度很大的扁长椭圆。它和太阳的距离在45亿到74亿千米范围内变化。有时候，它甚至能跑到海王星轨道的内侧，不过这种情况总是发生在海王星远离时，因此不会发生碰撞。冥王星的轨道也比行星倾斜得厉害，它与黄道（其他行星运行轨道所在的平面）的交角达到17°。

冻结的大气

当冥王星运行在离太阳较近时，它表面的冰——占主要成分的氮、甲烷以及一氧化碳会有一些蒸发，这使冥王星能够生成稀薄的大气层。而当冥王星远离太阳时，它也会冷下来，大气层重新冻结，一直保持固体状态到下一次走近太阳。

薄雾从地球这个结冰的湖面升起，类似于气体从冥王星表面的冰蒸发出来的情况。

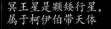

瓦鲁纳是除冥王星和卡戎之外最大的已知柯伊伯带天体，它的直径不到冥王星的一半

冥王星是颗矮行星，属于柯伊伯带天体

水星是最小的太阳系行星，它的直径相当于冥王星的两倍多

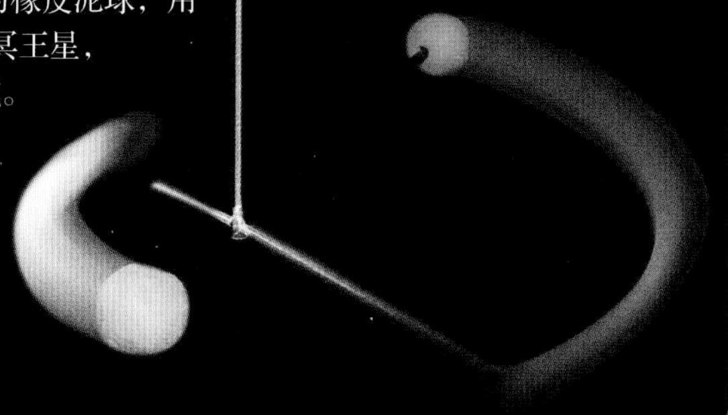

冥王星离开行星家族

冥王星被发现数十年来，天文学家一直对冥王星奇怪地运行在太阳系边缘感到困惑。现在他们已经了解到，它仅仅是柯伊伯带中许多类似天体中的一个。2006年，国际天文联合会宣布正式将冥王星从行星降级为矮行星。上图显示冥王星、水星和大型柯伊伯带天体瓦鲁纳大小的比较。

家庭实验
双矮行星

本实验可以证明冥王星和卡戎共同围绕它们之间不明显的质心运转。它们被控制在面对面的位置上，因此冥王星有些区域根本看不到卡戎。请准备两种不同颜色的橡皮泥、一段细木棒、剪刀、线绳。

1. 揉制两个不同颜色的橡皮泥球，用直径50毫米的代表冥王星，直径25毫米的代表卡戎。把两个球分别固定在细木棒的两端。剪下一段长度适合的线绳拴在木棒上。把线绳悬挂在固定处。

2. 沿木棒滑动绳结以确定质量中心，直到木棒平衡。推"卡戎"使木棒旋转。请注意，它们围绕质心运转时，大球和小球经过的路径长度是不同的。

第一幅冥王星地图

2006年1月，美国发射了"新视野"号探测器，去探测冥王星、卡戎和柯伊伯带。2015年7月，"新视野"号掠过冥王星，拍摄了大量冥王星清晰的照片。不过在探测器发射之前，天文学家已经绘制出冥王星的表面图。20世纪80年代，他们利用每个冥王星年（约248个地球年）中卡戎两次从冥王星前面或后面经过的时机，测量了冥王星与卡戎的光的变化，勾画出第一幅冥王星地图。此后，这幅地图还依据哈勃空间望远镜的观测结果得到进一步完善。

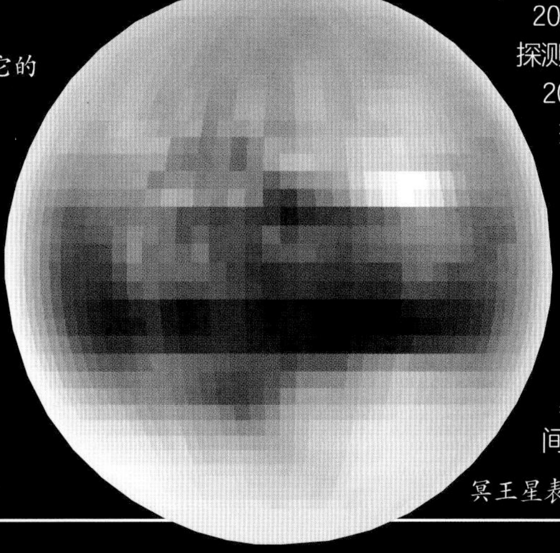

冥王星表面的双色地图

恒 星

图片：
昴星团中年轻的恒星发射出白热的灿烂光芒

近处和远处的恒星

每当夜晚天空越来越暗时，我们就会看到成千上万颗星星升上天空，它们看起来是那么渺小，又那么遥远。如果能够飞驰到近处去看这些星星，我们就会发现它们很像我们的太阳。虽然太阳也是一颗恒星，但它离我们很近。通过研究恒星发出的光和其他辐射，天文学家已经发现有关恒星的大量信息，知道它们有多么大多么热，运行得多么快，以及它们是如何诞生和消亡的。

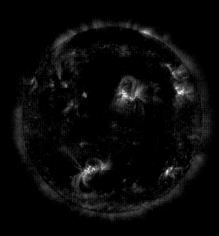

这幅虚拟色彩的紫外线图像显示出太阳炽热的大气层

什么是恒星？

像太阳一样，恒星都是燃烧中的巨大气体球。有些比太阳小，有些却比太阳不知大了多少倍。恒星内部温度高达几千万摄氏度。构成恒星的主要成分是氢，它是所有气体中最轻的。恒星用氢做燃料，以维持能够产生巨大能量的核反应。正是这些核反应使得恒星持续发光。就像太阳那样，恒星不仅通过光和热辐射出它们大部分能量，还以其他辐射形式散发出能量，如紫外线和 X 射线。

天空中的恒星

很多恒星看起来似乎和我们的距离都差不多，好像是被钉在一个围绕地球的黑色球面内（这点古代天文学家确信无疑）。实际上，恒星处在不同的遥远距离上，远得令人难以想象。如果我们能够以光速向前飞驰，那么即使要到达太阳系外最近的恒星也需要 4 年以上的时间！天空中大部分恒星比这还要远达几千倍。

和太阳一样，恒星都以极高的速度运转。我们看不出它们在移动，是因为它们离我们太遥远了。它们好像被固定在空间各自的位置上，总是排成我们熟悉的相同图案。这些恒星的图案就是星座，它们能够帮助我们在茫茫夜空找到每个明亮的恒星。

恒星的一生

夜空中的恒星好像从不改变，我们今天看到的恒星，也是古代天文学家几千年前看到的相同的恒星。这些恒星还将在未来数千年里继续在夜空中闪烁。其实，恒星一直在改变。像一切有生命的生物那样，它们诞生、发展，最终也要消亡。恒星的寿命可以达到几亿年，甚至几百亿年。这就是在几千年的时间里它们的样子好像毫无改变的原因。

恒星诞生在星云（气体和尘埃的云）内部。很多天区的恒星间都分布有星云。星云的浓密部分在自身引力的作用下坍缩，恒星就在那里形成。随着气体的收缩，它的温度不断上升。当获得足够的热量后，核反应就在内部爆发，产生足够的能量发光发热，于是新的恒星就诞生了。

在鹰状星云那由气体和尘埃构成的淡黑色星云中，恒星正在诞生

约公元前130年
喜帕恰斯编制出1,022颗恒星位置一览表，创立了恒星亮度的星等系统。

1054年
中国天文学家详细记录了一颗超新星爆发，它后来成为蟹状星云。

1610年
伽利略首次用自制的天文望远镜观察到太阳黑子并做了记录。

1814年
约瑟夫·冯·夫琅禾费发现并描绘了太阳光谱中的吸收线，此后便以夫琅禾费谱线著称。

1838年
弗里德里希·贝塞尔运用视差原理，测出天鹅座61与我们的距离，这是太阳之外恒星距离的第一次测定。

1906年
埃希纳·赫茨普龙发现恒星的颜色和它实际光度之间的关系。

星团

形成恒星的星云非常庞大，经常有许多恒星在星云的同一区域同时生成。一些恒星生成后互相靠近，被引力相互连接成为伙伴。这种双星体系很常见。

有时几百颗恒星可能同时诞生，并且分散在相当宽广的区域中。我们能够在天空中看到许多由年轻恒星组成的这种群体，称为疏散星团。那些单独的恒星不能强有力地互相吸引，因此它们就逐渐漂移分离。

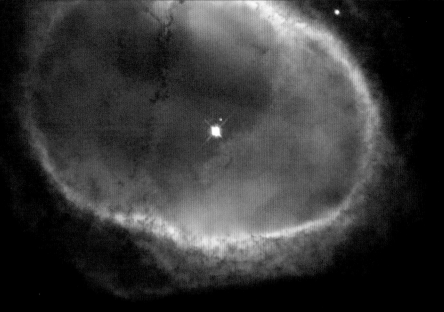

这个膨胀气体的庞大圆环围绕着行星状星云，它是由在圆环中间正在消亡的两颗恒星中较小的一颗喷出的

大犬座中由年轻恒星组成的疏松星团

以爆炸出局

质量比太阳大很多的恒星有非常不同的结局。与白矮星平静地渐渐消失截然不同，它们用爆炸来结束自己的生命。它们从红巨星继续膨胀成为红超巨星。红超巨星也极不稳定，它们很快就会在一次超新星爆发中把自己炸得粉碎。恒星的核向内部坍缩，形成一个极小的中子星或黑洞。中子星是由构成原子的粒子即中子构成的致密星，而黑洞是宇宙空间一片具有巨大引力的区域，它能够吞噬一切靠近它的物体，甚至包括光。

复苏

恒星的消亡并不是星系演变故事的最终结局，而是标志着一个新的开始。消亡中的恒星喷出或炸出的物质，被传入太空中已经存在的物质云中。这种新物质会找到途径，进入诞生新恒星的星云内部。

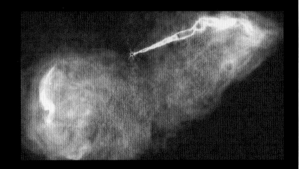

在大质量黑洞附近形成的粒子喷流

恒星的消亡

大部分恒星能够生存非常长的时间。它们持续发光直到耗尽所有的氢燃料，然后它们就开始消亡。

首先它们膨胀到原来的二三十倍或更多倍，颜色变得更红，成为红巨星。然而，红巨星是不能长期保持巨大体积的，它开始喷出气体和尘埃的云，形成它的外层。很快，残留下来的只是恒星极小的热核。然后恒星演化为白矮星，同时它的辐射使它喷出的尘埃和气体壳发光，形成圆盘状或环状的星云，称为行星状星云。

1912年
亨丽爱塔·勒维特发现造父变星光变周期与真实亮度的关系。

1938年
汉斯·贝特阐明恒星的能量来源于氢的核聚变。

1963年
射电天文学家发现第一个星际分子——星际羟基分子。

1967年
乔斯林·贝尔和安东尼·休伊什在英国剑桥射电观测站发现第一颗脉冲星。

1987年
一颗肉眼可见的超新星出现在离我们最近的河外星系大麦哲伦云中。

1992年
射电天文学家亚历山大·沃尔兹森首次发现太阳以外的行星在围绕一颗脉冲星运转。

本地恒星

太阳是离地球最近的恒星，距离地球大约1.5亿千米。这个距离是除太阳之外离地球最近的恒星离地球距离的几十万分之一。和其他恒星一样，太阳是一个极度炽热的巨大气体球，直径约有140万千米，比地球直径大109倍，质量比太阳系其他天体的总和还多750倍。太阳主要由氢和氦两种元素构成，还含有70种其他少量元素。

原子核的熔炉

太阳中心温度高达1500万摄氏度，压力达到2000亿到3000亿个大气压。在这超高温超高压的状态下，氢原子核聚合起来转变成氦原子核，核反应产生数量巨大、保持太阳发热发光所需要的能量。能量向外传递，一直达到太阳的光球（太阳表面）；还以可见光、红外线以及紫外线辐射的形式，从表面散发到太空。

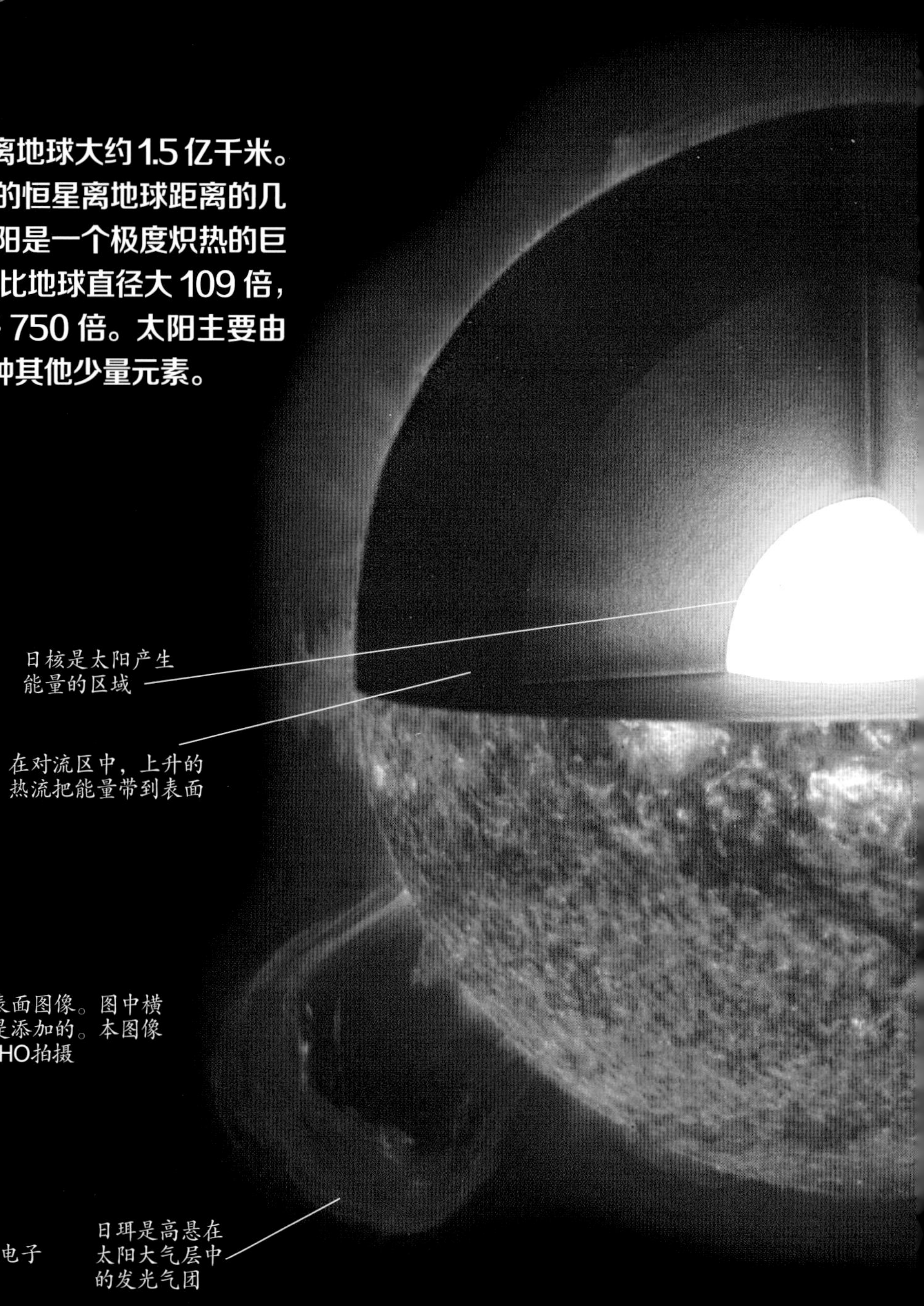

日核是太阳产生能量的区域

在对流区中，上升的热流把能量带到表面

氢的核聚变

太阳表面图像。图中横截面是添加的。本图像由SOHO拍摄

释放的中微子

释放的正电子

质子（氢核）

中子

发出伽马射线

两对"质子-质子-中子"聚合成一个氦核，同时两个质子被释放出来

日珥是高悬在太阳大气层中的发光气团

中子

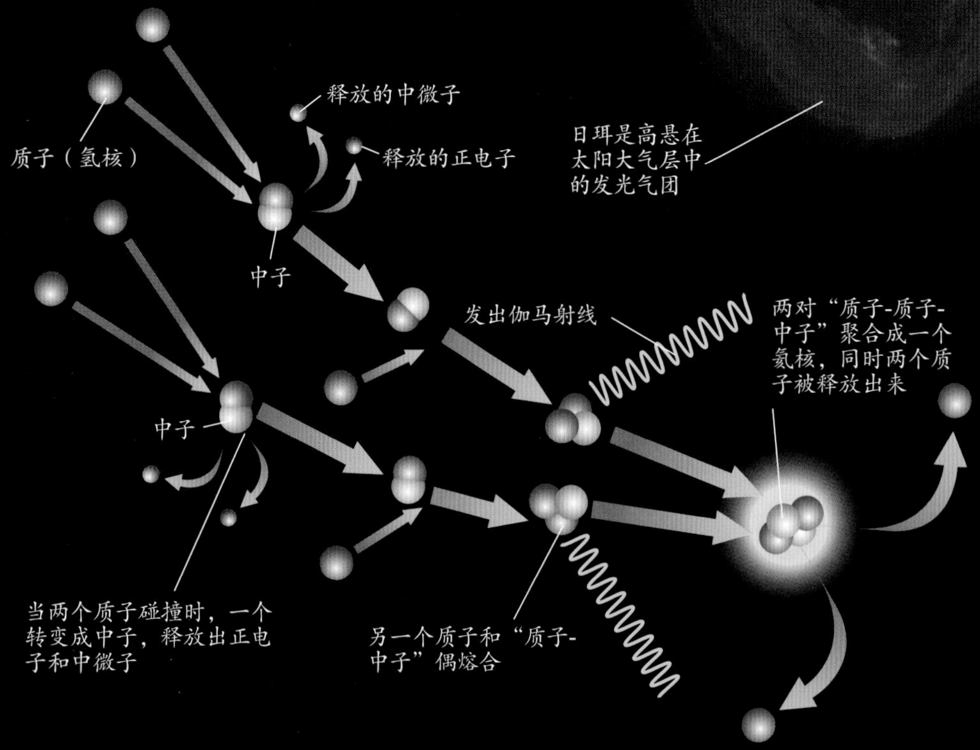

警　告
绝不能直接看太阳，特别是通过双筒望远镜或天文望远镜。太阳耀眼的光会导致你失明。

当两个质子碰撞时，一个转变成中子，释放出正电子和中微子

另一个质子和"质子-中子"偶熔合

核聚变

在太阳核内发生的核反应是氢核结合在一起成为氦核的聚变反应。这幅示意图（见左图）概括描绘出主要的聚合过程。该图显示出氢核（质子）形成氦核的各个阶段。

在辐射区，能量随辐射从核内传出

地球上的生命

地球上所有生命基本上都依赖太阳而存在。太阳光使植物通过光合作用吸取营养。动物必须吃植物，或吃其他吃植物的动物而生存。太阳的能量给地球提供了合适的温度，使地球成为一个适宜生物生存的星球。

62 ▶

日冕

日冕是太阳大气的最外层。由于太阳表面（光球）发出的光辉，我们通常看不到它的大气层。但在日全食期间，当光球被月球遮掩时，我们就能看见太阳的大气层。日冕那珍珠似的白色晕轮在太空中可以延伸数百万千米，温度能达到 300 万摄氏度。

太阳大气层最低和最浓密的部分呈淡桃红色，这也是为什么称它为色球的缘故。它厚约 5 000 千米，也只能在日全食期间才能够看到。小的气体喷流称为针状物，可以从色球喷射到非常薄的日冕中。

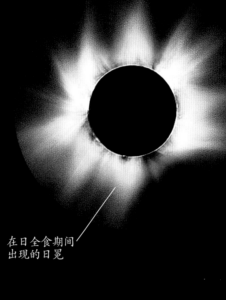

在日全食期间出现的日冕

光球是太阳的可见表面，光从这里放射出来

色球

环状日珥

日全食期间，由于月球表面凹凸不平，日光可透过凹处形成明亮的光点，被称为贝利珠

家庭实验
太阳能烧烤

在晴朗干燥的白天，太阳的红外辐射会很强。一个简单的试验可以让你利用太阳的能量来烤面包。准备一个塑料圆盖、铝箔、长柄烤面包铁叉、面包。该实验需要家长参与指导。

集中太阳的能量烤面包

2. 凹面镜，它能把太阳的能量集中在焦点上。

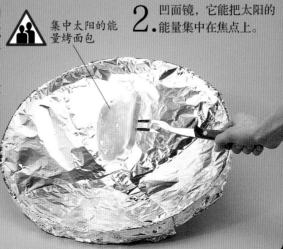

1. 用铝箔覆盖在圆盖里面，保持铝箔光滑。轻轻按压铝箔，使它紧贴圆盖的。把圆盖对准太阳，用铁叉举起一片面包，把它放在圆盖中心上方的一点，太阳的光和热就集中在那一点上。

多风暴的太阳

从地球上看，太阳既平静又无变化。实际上太阳处于不断产生的骚动之中，加上它的表面和大气层剧烈的沸腾，简直像个强烈风暴中的大海。宽达1000千米的炽热气泡到处爆发，巨大的爆炸使表面震动，产生庞大的波浪，燃烧着的气体形成明亮的气流拱起，又向高空猛冲进太阳大气层。太阳骚动性质的起因之一是它强大的磁场，那可比地球的要强几千倍。

闪耀

细心观察，你会发现太阳的表面亮度是不均匀的，特别亮的斑点随时都在闪现。这些明亮的斑点是巨大的爆发引起的，也就是我们常说的太阳耀斑。它们出现在大气层的底部，是由受禁闭的磁能突然释放而激发的。太阳耀斑向太空高速喷射出带电粒子流，速度达到数百万千米每小时。

太阳耀斑

在这幅由SOHO拍摄的紫外图像中，太阳燃烧的表面清晰可见

光球

米粒状表面

在近距离的照片中，太阳表面呈细颗粒状，好像覆盖着一层麦粒。这称为米粒组织，是由底部向上升起的炽热气体小包造成的。这些小包常称为对流元。

太阳表面的米粒组织效应

太阳黑子

有时太阳表面会出现一些暗斑，我们称为太阳黑子。小黑子的直径将近1000千米，最大的跨度可达10万千米。黑子是在磁活动剧烈的区域爆发的，温度比表面上其他区域的低大约1500摄氏度。

太阳黑子   半影（亮区域）

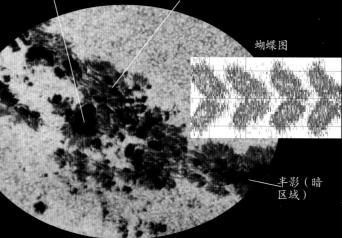

半影（暗区域）

蝴蝶图

太阳上的"蝴蝶"

黑子从出现到消失大约有11年的周期，称为太阳黑子周期。在每一个周期的开始，黑子出现在太阳赤道以北或以南两边最远的区域。随时间的推移，它们向赤道靠近。把黑子的位置与时间相对应地绘在坐标图上，结果形成了一个颇具特色的图案，像一列展开翅膀的蝴蝶。这种图称为蝴蝶图。

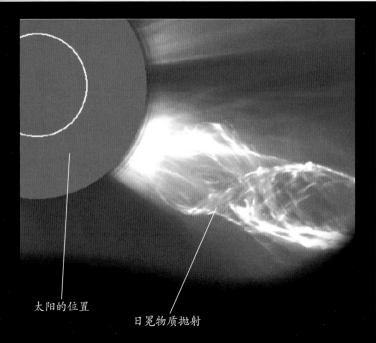

太阳的位置

日冕物质抛射

爆发与喷出物

多风暴的太阳最引人注目的特征，是冲向表面的由燃烧气体形成的巨大喷泉，它们被称为日珥（参见第 90 页）。日珥可高达 10 万千米，常常高悬在太阳大气层中长达几周。有时，太阳还从日冕向太空喷射强烈的带电粒子流或等离子体。这些粒子流称为日冕物质抛射（简称 CME），它们的出现能够加大太阳风的强度（参见第 94 页）。

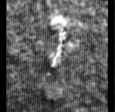 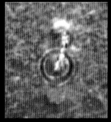 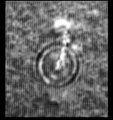 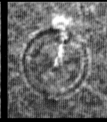

日震跨越太阳表面迅速传播

（参见第 90 页）

（参见第 94 页）

日震

剧烈的太阳耀斑在太阳表面激起巨大的环形波浪，很像地震波在地面向外传播。我们称这种骚动为日震。日震激起的震波像不断增大的涟漪在太阳表面蔓延开，就像往水塘投进一块石头时水面泛起的波纹。

日冕中，炽热气体的弓形喷泉。由美国国家航空航天局的"TRACE（过渡区和日冕探测器）"发现

日冕中的环

在普通照片中，太阳白色日冕（它的外大气层）中非常小的结构也能显现出来，但如果在紫外线光下看，日冕却被几百万个炽热气体的弓形喷泉填满。这些喷泉称为冕环，它们描绘着太阳磁场中不可见的环形线。有些环可高达 50 万千米，能够跨越相当于 30 个地球直径的距离。

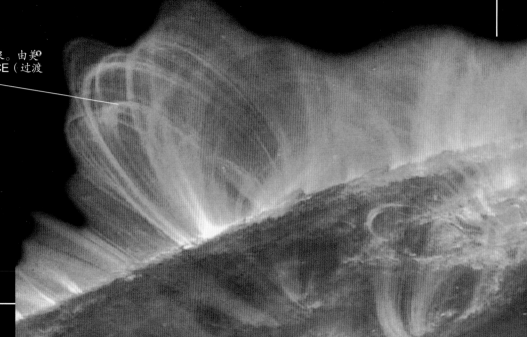

太空天气

　　地球周围的太空环境经常变化，于是天文学家经常会讨论变化的太空天气。影响太空天气的主要因素是太阳风，它是不断从日冕中抛出的粒子流，平均速度可达 500 千米每秒。这些粒子主要是离子和质子，形成所谓的等离子体。由于太阳的自转，太阳风盘旋着从日冕离开，约需四五天到达地球。太阳风受地球阻挡，并与地球磁场相互作用。

磁层

　　地球的磁场向空间延伸，形成一种磁的包层，称为磁层。太阳风的压力在地球向着太阳的一面挤压磁层，于是背向太阳的一面便形成了长长的磁尾。磁层中的磁力线使太阳风中大部分粒子围绕地球偏斜，也有一些被限制在一个圆环形的区域里，这便是有名的范·艾伦辐射带。

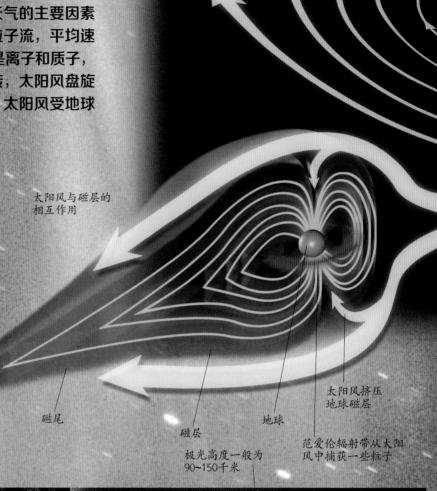

太阳风与磁层的相互作用

磁尾

磁层

地球

太阳风挤压地球磁层

范爱伦辐射带从太阳风中捕获一些粒子

极光高度一般为90~150千米

北极光

　　极光是一种壮观的彩色发光现象，经常出现在北极周围的天空，南极附近也有类似的现象。当太阳风中的强磁流激发了地球磁层中的电子，电子像漏斗似的向下到达地磁极，与空气中的分子碰撞，使它们电离，同时给予它们额外的能量。在这些能量的激发下，就会出现绚丽多彩的极光。

背景主图：
从美国阿拉斯加州看到的灿烂的绿色北极光

南极光

　　在南极周围天空中出现的极光现象称为南极光。航天飞机的航天员拍摄到这幅不寻常的南极光景观（见上图）。

螺旋运动的太阳风

磁暴

位于极光区附近的城市，例如加拿大的多伦多（见上图），极易受到太阳风的影响。当太阳进入最强烈的活动期，特别是太阳耀斑爆发时，这种影响也最强烈。太阳耀斑抛射出大量的粒子流进入地球上空，它们挤压地球磁层，引起地表的磁场突然增强。这些磁暴会使罗盘失灵，干扰无线电广播及通信，极特殊的磁暴还能使电力供应陷入瘫痪，造成大面积停电。

拖着长长离子尾巴的百武彗星（1996年发现）

生动的彗尾

彗星朝向太阳运行时常常生出两条长长的尾巴（参见第48~49页）。彗尾是由脱离彗头或彗核的粒子构成的。淡黄色稍微弯曲的尘埃彗尾，是在太阳辐射的压力推挤出彗星中的尘埃粒时形成的；蓝色较直的离子彗尾，是太阳风的磁力对彗星中的带电粒子（即离子）的排斥下形成的，两条彗尾都永远背向太阳的方向。

范·艾伦辐射带（地球辐射带）

范·艾伦辐射带是以美国物理学家詹姆斯·范·艾伦（生于1914年）的名字命名的。他设计了美国第一颗人造卫星"探险者"1号（1959年）上探测辐射线的仪器，就是这台仪器发现了地球高层的带电粒子带（范·艾伦辐射带）。

家庭实验
彗星的尾巴

你可以用丝带和电风扇模拟彗星的尾巴为什么总是背向太阳的方向。请家长协助并准备带安全网罩的电风扇、透明胶带、薄丝带或薄纸条。

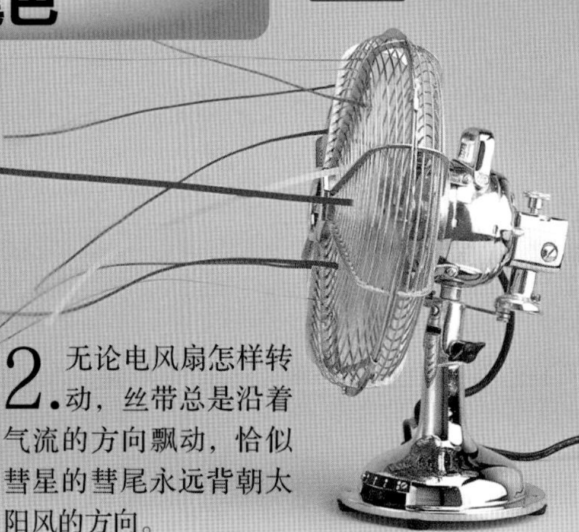

1. 先不要将电风扇插头插入电源插座。把几条丝带的一端用胶带粘贴在电风扇安全罩上。请家长把电风扇插头插入电源插座，然后打开电扇开关。

2. 无论电风扇怎样转动，丝带总是沿着气流的方向飘动，恰似彗星的彗尾永远背朝太阳风的方向。

遥远的恒星

南半球星座半人马座中最明亮的恒星被称为南门二（半人马 α）。除太阳外，它是离地球最近的明亮恒星。要到达那里，必须飞行 40 万亿千米以上的路程。它到地球的距离比太阳到地球的距离远 26 万倍。其他许多恒星处于比它还远几千倍的距离之外，那么遥远的距离简直不可想象。千米或英里这样的单位显然太小，不适合用来测量恒星之间的距离。这就是天文学家使用其他单位，比如光年的理由。

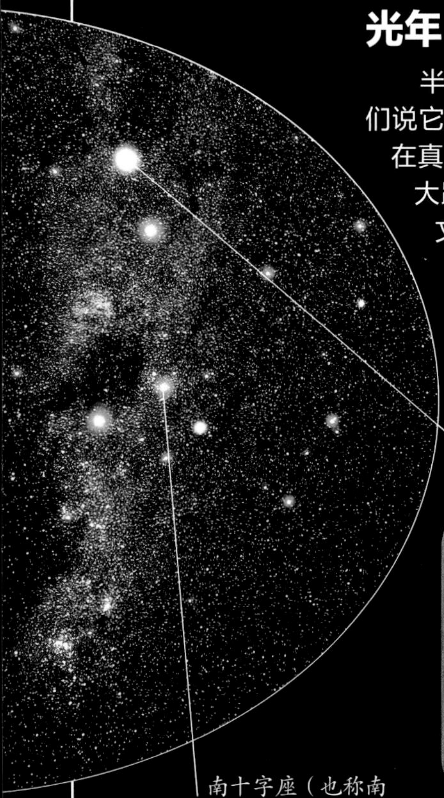

光年

半人马 α 的光线需要用 4 年多的时间才到达地球，我们说它距离我们约 4.2 光年。天文学家用"光年"——光在真空中 1 年中所走的路程作为单位，度量空间中的巨大距离。光年是比千米更加方便的长度单位。此外天文学家还使用一个叫秒差距的距离单位（1 秒差距等于 3.26 光年）。

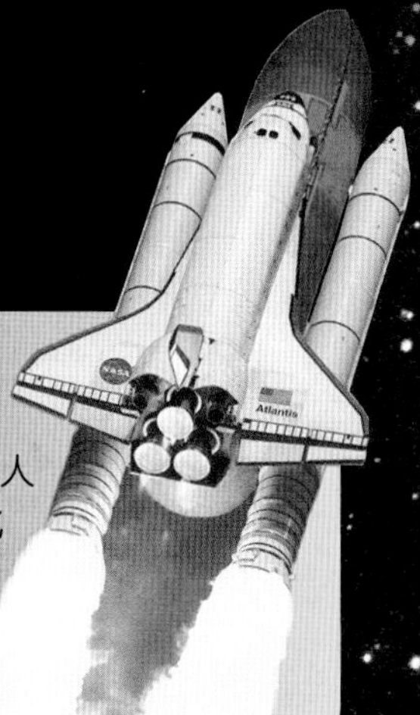

半人马 α

南十字座（也称南十字架）

终生不可及的距离

要建立半人马 α 的距离这一概念，不妨先设想我们正在搭乘航天飞机准备飞往半人马 α。此飞船速度为 2.8 万千米每小时，比步枪子弹快了约 10 倍。即使以这样的高速飞行，仍需要大约 168 000 年！这表明，除非我们能发明极其特殊的推进器，否则去半人马 α 旅行是完全不可能的。

受骗的眼睛

猎户座（主图）是最知名的星座之一，但是组成它的恒星实际上不是以这个图案的形状在太空中聚集在一起的。它们相互之间的距离非常遥远。我们看到它们在一起，仅仅是因为从我们的观察点看它们恰巧位于相同的方向。其他星座也一样。下面的标尺显示出猎户座中几颗主要恒星实际距离有多么遥远。猎户座中离我们最远的猎户座 ε 星，比离我们最近的猎户座 γ 星要远 1 000 多光年。

0光年　　　●243光年 猎户座γ星　　　427光年 猎户座α星

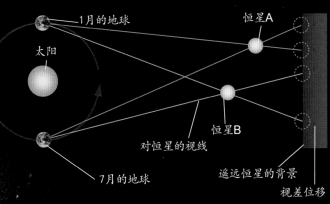

图例：1月的地球，太阳，恒星A，恒星B，对恒星的视线，7月的地球，遥远恒星的背景，视差位移

视差位移

天文学家运用视差的原理测量邻近恒星的距离。他们注意到，如果以地球绕太阳公转的轨道半长径（即太阳和地球的平均距离）为基线，那么当地球从公转轨道的这一端走到另一端时，在观测者眼里，恒星的位置就发生了改变。如果恒星 B 的位移比恒星 A 的大，就说明它比恒星 A 离我们更近。通过测量位移的量，天文学家运用几何学便可计算出恒星的距离。

家庭实验

视差如何产生

当你看附近物体时，先用一只眼看，再用另一只眼看，相对于远处的背景，物体好像移动了位置。

天文学家运用这种称为视差的效应来测量恒星与我们的距离。在本实验中你将看到视差是如何产生的。请准备一张暗色纸、一些可粘贴的星星和一支铅笔。把几颗星星粘贴在纸上，把纸贴在墙壁上。在铅笔尖端也贴上一个星。

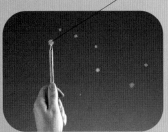

注意铅笔上的星星在纸上背景星星中出现的位置

1. 站在距墙壁约 2 米处，以一臂长的距离举起铅笔，这样能看到它在墙上贴纸的位置。遮住你的左眼，只用右眼看铅笔上的星星。

你铅笔上的星星已经相对背景星星移动到右边

2. 现在遮住你的右眼，换用左眼看铅笔上的星星。你会发现，这颗星在纸背景的星星中移动了位置。再把铅笔上的星星向自己靠近，重复实验。

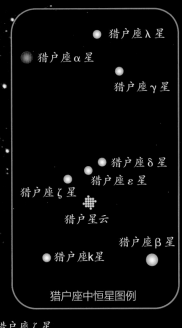

猎户座 λ 星
猎户座 α 星
猎户座 γ 星
猎户座 δ 星
猎户座 ε 星
猎户座 ζ 星
猎户星云
猎户座 β 星
猎户座 k 星

猎户座中恒星图例

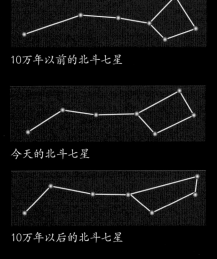

10万年以前的北斗七星

今天的北斗七星

10万年以后的北斗七星

改变着的形状

所有恒星都高速运行在宇宙中，有些恒星的运动速度高达每秒数百千米。大部分恒星由于距离太遥远，我们看不出它们在移动。但经过数十万年后，恒星的移动会逐渐改变星座的形状。左图显示出北斗七星的形状在 20 万年期间是如何改变的。

722光年 猎户座k星   773光年 猎户座β星   817光年 猎户座ζ星   916光年 猎户座δ星   1 055光年 猎户座λ星   1 300光年 猎户星云   1 342光年 猎户座ε星

星光

　　乍一看，夜空中的恒星都差不多，满天的黑暗中遍布着闪烁光芒的亮点。不过天文学家已经发现天空中的恒星有许多类型，大的和小的，热的和冷的，蓝的和红的。有些恒星向着我们移动，有些却疾速地远离；有些恒星发光稳定，有些亮度却在变化。天文学家把恒星发出的光分解成单色排列的光带（光谱），来对恒星的特性进行研究。

彩光

　　在晴朗的夜晚，恒星就像晶莹的钻石、蓝宝石和红玉。甚至用肉眼，我们也能看出恒星有不同的色彩。位于金牛座的巨星毕宿五（金牛 α）显示出鲜明的红色（参见第106页）。还有附近猎户座中的猎户 α，在右图中，红色的恒星格外显眼。图中模糊不清的那一团是邻近的巴纳德星系（NGC6822）。

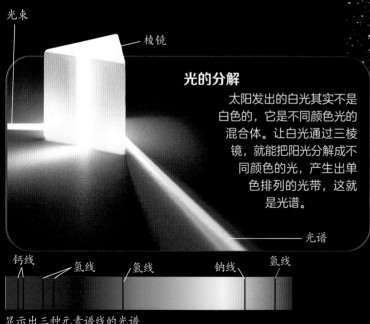

光的分解

　　太阳发出的白光其实不是白色的，它是不同颜色光的混合体。让白光通过三棱镜，就能把阳光分解成不同颜色的光，产生出单色排列的光带，这就是光谱。

光来

棱镜

光谱

钙线　氢线　氢线　钠线　氢线

显示出三种元素谱线的光谱

谱线

　　和阳光一样，恒星的光也能分解成彩色的光谱。当对恒星光谱进行观测时，会发现一些谱线模式交错分布在光谱中。它们是由恒星大气层中的化学元素产生的，这些元素吸收或发射不同波长的辐射。由于每种化学元素发出的波长各不相同，天文学家通过观察这些谱线，就能够确定恒星的构成。由原子吸收辐射产生的暗线称为吸收线，由原子发出辐射产生的亮线称为发射线。

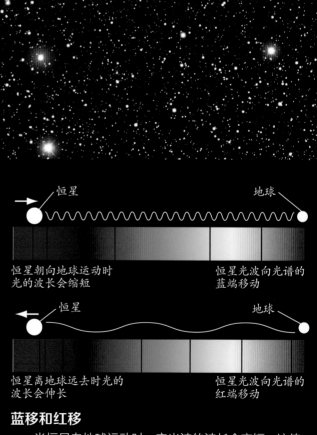

恒星　　　　　　　　地球

恒星朝向地球运动时光的波长会缩短

恒星光波向光谱的蓝端移动

恒星　　　　　　　　地球

恒星离地球远去时光的波长会伸长

恒星光波向光谱的红端移动

蓝移和红移

　　当恒星向地球运动时，它光波的波长会变短，这使恒星的光向光谱的蓝端移动。当恒星远离地球时，它光波的波长会变长，并向光谱的红端移动。上述现象称为多普勒效应。

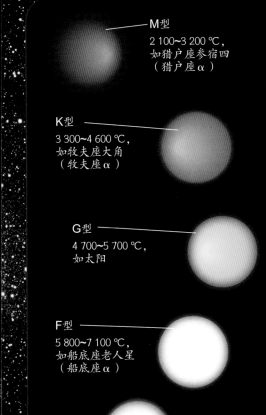

M型
2 100~3 200 ℃,
如猎户座参宿四
（猎户座α）

K型
3 300~4 600 ℃,
如牧夫座大角
（牧夫座α）

G型
4 700~5 700 ℃,
如太阳

F型
5 800~7 100 ℃,
如船底座老人星
（船底座α）

A型
7 200~9 600 ℃,
如天琴座织女星
（天琴座α）

B型
9 700~28 000 ℃,
如猎户座参宿七
（猎户座β）

O型
29 000~40 000 ℃,
如猎户座参宿三
（猎户座δ）

演示实验
热的颜色

物质被加热时会改变颜色。如果你有带调光器的电灯，那么就能看到这种现象。开关刚开启时，仅有极小的电流通过灯泡，灯丝变热显出暗红色。随着你调动开关，越来越大的电流通过灯泡中的灯丝，灯丝最先发出橙色光，然后是黄色，最后在它很热时呈白色。铁棒被加热时也会出现相同的现象，随着温度上升铁棒的颜色从红色逐渐变成白色。（本实验必须在实验室进行，需要成年人在场指导。）

恒星的颜色

与加热铁棒的情况相似，恒星的颜色也是它表面温度的象征。天文学家按照恒星的温度把它们分成不同的类型，7个主要类型如下：O、B、A、F、G、K 和 M，其中 O 表示最热，M 表示最冷。

1. 红热：当铁棒一端被加热时，它会逐渐由灰色变成暗红色。这是热使铁原子的能量增高，便发出暗红色光。

2. 橙热：当铁棒变得较热时，它的颜色由暗红色变成橙色。增加的热量使铁原子振动更加强劲，便发出较亮的橙色光。

3. 黄热：铁棒被进一步加热时，加热端会发出更亮的黄色光。

4. 白热：此时铁棒的一端已经被加热到接近它的熔点（约1 500 摄氏度），发出白色光。

| 金星 | | 大犬α（整个天空中最亮的恒星） | | 北极星 | | 肉眼能够看到的最模糊的恒星 | | 用双筒望远镜能够看到的最模糊的恒星 | | | 在巡天观测照片中能够看到的最模糊的恒星 |

-4 -3 -2 -1 0 +1 +2 +3 +4 +5 +6 +7 +8 +9 +10 +11 +12 +13 +14 +15 +16 +17 +18 +19 +20 +21 +22

恒星的星等

古代天文学家把天上恒星的亮度划分为 6 等，最亮的为 1 等，最暗的为 6 等。每个星等间亮度大约相差 2.512 倍，1 等星和 6 等星间亮度相差 100 倍。后人又将星等细分，于是星等有了小数、0 和负数。有一些非常亮的恒星，如大犬座α星（天狼星）就是负星等。肉眼只能看到 6 等以下的星，只有通过天文望远镜才能看到星等大于 6 的恒星。

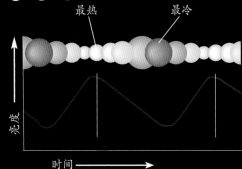

最热　　最冷

亮度

时间

脉动变星

有一类变星称为脉动变星，它们的亮度呈规律性的变化，这是因为当恒星演化到一定阶段，内部会出现不稳定性，引力和辐射压力会失去平衡，外部包层会出现周期性的脉动，或者说有规律的膨胀和收缩。当膨胀变大时，它会变冷，亮度减弱；在收缩变小时，它就变得又热又亮。左图显示脉动变星的亮度是如何随时间变化的。

恒星的诞生

在宇宙中，始终有恒星正在诞生，有恒星正在消亡。恒星诞生于星云内部，星云是指存在于星际空间中由气体和尘埃构成的云。它们诞生于巨分子云的区域，这些巨分子云浓密暗淡，主要由氢构成。引力使星云中浓密的部分坍缩，体积不断缩小，温度不断上升，这时原恒星开始发光。此后，温度继续上升，在原恒星内部开始发生核反应，于是一颗灿烂的恒星诞生了。

分子云

作为恒星诞生地的暗分子云是极其寒冷的，温度大约为 −260 ℃。在这样的温度下，气体和尘埃粒移动得极为缓慢。引力将气体分子聚集起来形成比较稠密的团块。在这些团块内部，气体集中在更加稠密的核里，这个核将成为单个恒星或双星。核越浓密，引力就越强大，吸引的气体也越多，坍缩也越快。

猎户星云是巨大的恒星形成区，在它明亮气体云的后面是庞大的暗分子云

原恒星

在分子云坍缩核的中心，物质被不停降落的物质挤压。随着中心区域密度的加大，温度也在升高，逐渐有能量释放，并且开始发光。这就是原恒星。它慢慢成为球形，开始快速旋转。当原恒星内部温度达到 1 000 万摄氏度时，氢原子开始聚拢。充足的能量在这个核聚变过程中被释放出来，原恒星成为真正的恒星。

分子云内部致密的核向内坍缩，形成原恒星

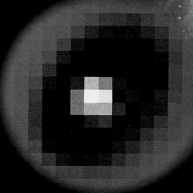

形成中的行星

在太阳诞生时，一个物质圆盘也在它的周围形成。地球与其他行星最终都是在这个圆盘中形成的。天文学家确信，大部分恒星诞生时，由气体和尘埃构成的圆盘就在它们周围形成了，行星可能就在圆盘内部诞生。这就是称它为原行星圆盘，或简称原行星盘的原因。上图所示为猎户星云中围绕新生恒星的原行星盘（发暗的圆环）。

夭折的恒星

不是所有在坍缩云中形成的恒星"胚胎"最终都能成为真正的恒星。有些"胚胎"没有吸积到成为恒星所需的足够物质，虽然也在引力下坍缩，但不能充分升温激发起核反应。没有这些核反应，它们就不能像正常的恒星那样发光发热，只能成为微弱发光的褐矮星。在猎户星云的红外线图像（见右图）中，天文学家辨认出许多朦胧的褐矮星，它们在可见光中是看不到的（见左图）。

称为猎户四边形星团的小星团所发射的紫外辐射使整个星云光芒四射

成群诞生

由气体和尘埃构成的诞生恒星的暗星云，估计延伸范围达若干光年。在这些广阔的孕育恒星的温床中，可能会有几十个甚至几百个恒星同时诞生。这些年轻的恒星团在天空中比比皆是，它们强烈的紫外线辐射通常会使围绕它们的气云发光成为亮星云。

新恒星聚集成团，照亮麒麟座中锥状星云的气体

恒星的生命轮回

像一切生物一样，恒星诞生，度过它们的一生，然后死亡。相对而言，恒星诞生是个很快的过程，仅需10万年左右。接下来，恒星可能稳定发光长达几十亿年。当它们进入死亡期后也是个相对较快的过程，它们把自身大部分质量抛散到太空中。这种物质会重新进入分子云，这些分子云将来又会产生成群的新恒星。

家庭实验
生成的热

分子云在自身引力下坍缩形成恒星。在星云收缩时，气体和尘埃被逐渐压缩，这使它变热。在本实验中你能够了解压缩如何会产生热。请准备一辆自行车和一个打气筒。

1. 通过气门把自行车车胎内的气放一些出来，然后装好气筒。给车胎打气时要尽量快。气筒压缩空气使其进入车胎。

2. 触摸气筒的接口处。由于压缩空气，气体温度升高，接口处变得很热。在恒星内部，引力越来越强地压缩气体，直到它们的温度高达数百万摄氏度。

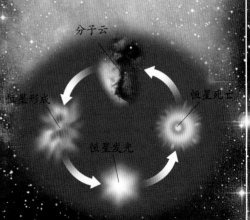

分子云

恒星形成

恒星死亡

恒星发光

恒星的分类

通过对星光的细致研究，天文学家发现恒星在大小、质量、颜色、温度和亮度等许多方面存在很大差异。太阳是相当典型的恒星，许多恒星和太阳有大量相似之处。恒星的两个重要特征是它们的真实亮度（绝对星等）和它们的光谱，后者表明它们的颜色和温度。如果按这两大特征绘制成一张图，类似的恒星便可以归类在一起。此图称为赫罗图，是以创立此图的天文学家埃希纳·赫兹普隆和亨利·诺里斯·罗素的名字来命名的。

炽热的蓝-白恒星是太阳体积的7倍

太阳直径约140万千米

红巨星，直径相当于太阳的30倍

白矮星，个头接近地球大小

尺度问题

太阳虽然比地球大很多，但与红巨星和超巨星相比就逊色多了。这些巨大天体的直径比太阳大几十倍到几百倍，太阳直径又比红矮星和白矮星的大几倍到上千倍。恒星的质量范围比它们的光度和直径范围小得多。大多数恒星的质量在 0.1 ~ 10 个太阳质量之间。目前已知最大的恒星质量约为太阳质量的 200 倍，而最小的恒星质量只有太阳质量的 0.083。

超巨星，个头相当于红巨星的10倍

真实亮度

我们看到的天空中某颗恒星的亮度或星等（参见第 99 页），其实并不代表这颗恒星实际有多么亮。天鹅座 α 星只是因为靠近地球才显得很明亮，我们看到的只是它的"视星等"。恒星的真实亮度（绝对星等），只有从相同距离观察恒星时才能比较出来。天文学家将绝对星等定义为：在大约 33 光年（10 秒差距）的距离时，恒星显示出的亮度。

家庭实验
比较质量

比太阳直径大 30 倍的红巨星，并不代表它的质量也比太阳大 30 倍。实际上，红巨星的平均质量和太阳的大致相同。本实验有助于理解质量与大小的差异。准备盘秤、大盘、爆玉米粒、植物油、有盖的深平底锅、厨房用灶。该实验需要家长参与指导。

1. 将大盘放到秤上，校准指针回零。在大盘中放入一些玉米粒和少许油，称出它们的质量。把玉米粒从大盘倒入锅中，充分搅动后盖好锅盖。在家长监督下放在灶上加热直到爆出玉米花。

2. 把玉米花倒回大盘，放到秤上。你会发现秤盘指针和加热前大致相同。玉米粒的体积已经膨胀，但质量没太大变化。与此相似，当太阳那样的恒星膨胀成一颗红巨星时，它的质量非但没有变大，反而会减小。

光谱型

　　和太阳光一样，恒星光也能分解成彩虹，或称光谱（参见第98页）。不同的恒星具有不同的光谱，天文学家按照光谱把它们分成不同的类型：O、B、A、F、G、K和M。上图所示的典型光谱是炽热的蓝－白色B型恒星和冷得多的红色M型恒星。注意较冷恒星的光谱中有许多暗线。

城市般大小的恒星

　　在所有恒星中，体积最小的中子星比白矮星还要小很多。中子星的直径大约只有20千米，如此称呼是因为它们是由中子构成的。中子星是在大质量恒星坍缩并消亡时形成的。在它们的内核中，原子被压碎，电子被压缩到原子核中，同质子结合为中子，使原子变得仅由中子组成。当中子星的辐射掠过地球时，我们就能探测到能量脉冲，这样就能够发现中子星。

114 ▶

中子星（蓝色）只有伦敦城那么大

赫罗图

　　20世纪初期，丹麦天文学家埃希纳·赫兹普隆和美国天文学家亨利·诺里斯·罗素创立了赫罗图。现简单介绍如下。当把绝对星等与光谱型相对应地绘制成图时，大多数恒星都聚集在一条从左上角到右下角的对角线上，这条线称为主星序。恒星在对角线上的位置取决于它们本身的质量——质量大的位于左上方，质量小的位于右下方。红巨星和超巨星出现在对角线上方，而白矮星在对角线的底下。图中绝对星等也可以用光度代替，光度是以太阳光度为单位的恒星的真实亮度。

在主星序上

　　恒星在主星序上度过它们生命的大部分时间。在此期间，它们把内核中的氢转变成氦，稳定地发光，仅在亮度与温度上有很小的变化。太阳在主星序上已经待了大约50亿年，未来还将在主星序上再度过50亿年。之后，它将会膨胀，加入到位于主星序上方比较冷比较亮的红巨星群体中。

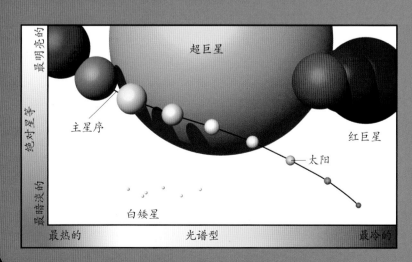

超巨星

主星序

红巨星

太阳

白矮星

最明亮的

绝对星等

最暗淡的

最热的　　　　光谱型　　　　最冷的

带有行星的恒星

太阳位居太阳系的中心，围绕它运转的有行星和其他天体。不久以前还没有人能够确切知道其他恒星有没有行星，但现在我们知道其他恒星也有带行星的。1991年，天文学家发现一些行星围绕一颗脉冲星运转。4年后又在一颗普通恒星——飞马座51的周围发现了行星。这些行星因距离太远，用地面天文望远镜根本无法看到，只能通过行星对其恒星产生的影响而间接地探测到它们的存在。直到2009年，开普勒太空望远镜升空，才陆续发现太阳系外1000多颗行星以及数千颗候选行星。截至2018年底，人类已发现将近4000颗太阳系外的行星。

母星

当行星绕它运转时恒星会产生摇摆

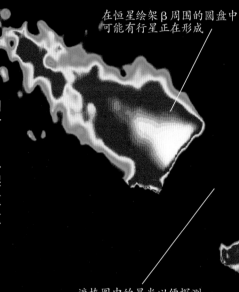

在恒星绘架β周围的圆盘中可能有行星正在形成

红外线探测

对围绕其他恒星运转的行星的探测，来自使用红外线探测仪器的宇宙探测器。在普通光线中不可见的天体，用红外线探测器却能探测到。1983年，最早采用此项技术的红外天文卫星"IRAS"辨认出一些恒星周围有圆盘状物质。这些恒星包括绘架座β星（见右图）和天琴座α星（织女星）。这些圆盘中含有生成行星必需的化学元素，因此在这些恒星周围很可能有行星正在形成。

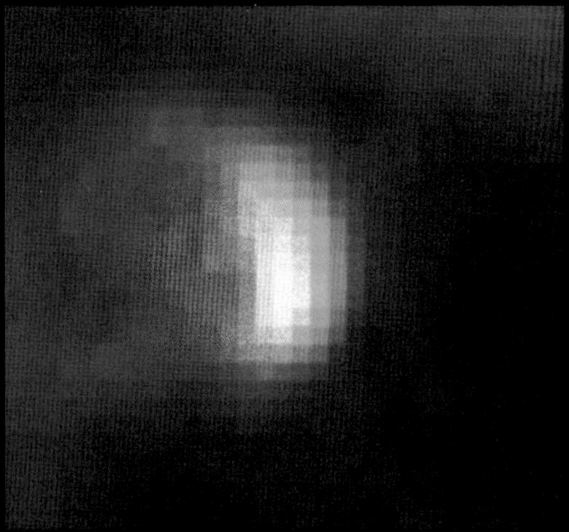

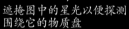

遮掩图中的星光以便探测围绕它的物质盘

尘埃盘

哈勃空间望远镜运用它超强的功能，已经对数百个恒星周围的尘埃盘进行了细微观测。这些圆盘的物质可能有一天会转变成行星，因此被称为原初行星盘或原行星盘（参见第100页）。上图中的原行星盘是在猎户星云中发现的。它反射附近恒星的光，看上去像一张明亮的弓。在本图中被圆盘围绕的恒星犹如一团模糊的红光。

揭露内情的摇摆

天文学家通过探测恒星的摇摆，间接地发现太阳系外行星。一颗恒星和它的行星会围绕一个共同的引力中心（质心）运转，这使恒星或朝向我们或背离我们，轮换方向地移动着（见右图）。天文学家利用非常灵敏的仪器，通过观察恒星光谱暗线的移动，能够发现恒星的摇摆（参见第98页）。当恒星向我们运动时，它的光波波长会变短，暗线产生蓝移；当恒星离我们远去时，它的光波波长会变长，暗线产生红移。

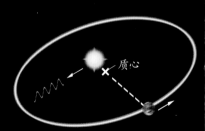

恒星向观察者移动时产生蓝移

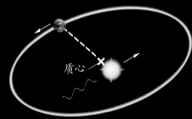

恒星离观察者而去时产生红移

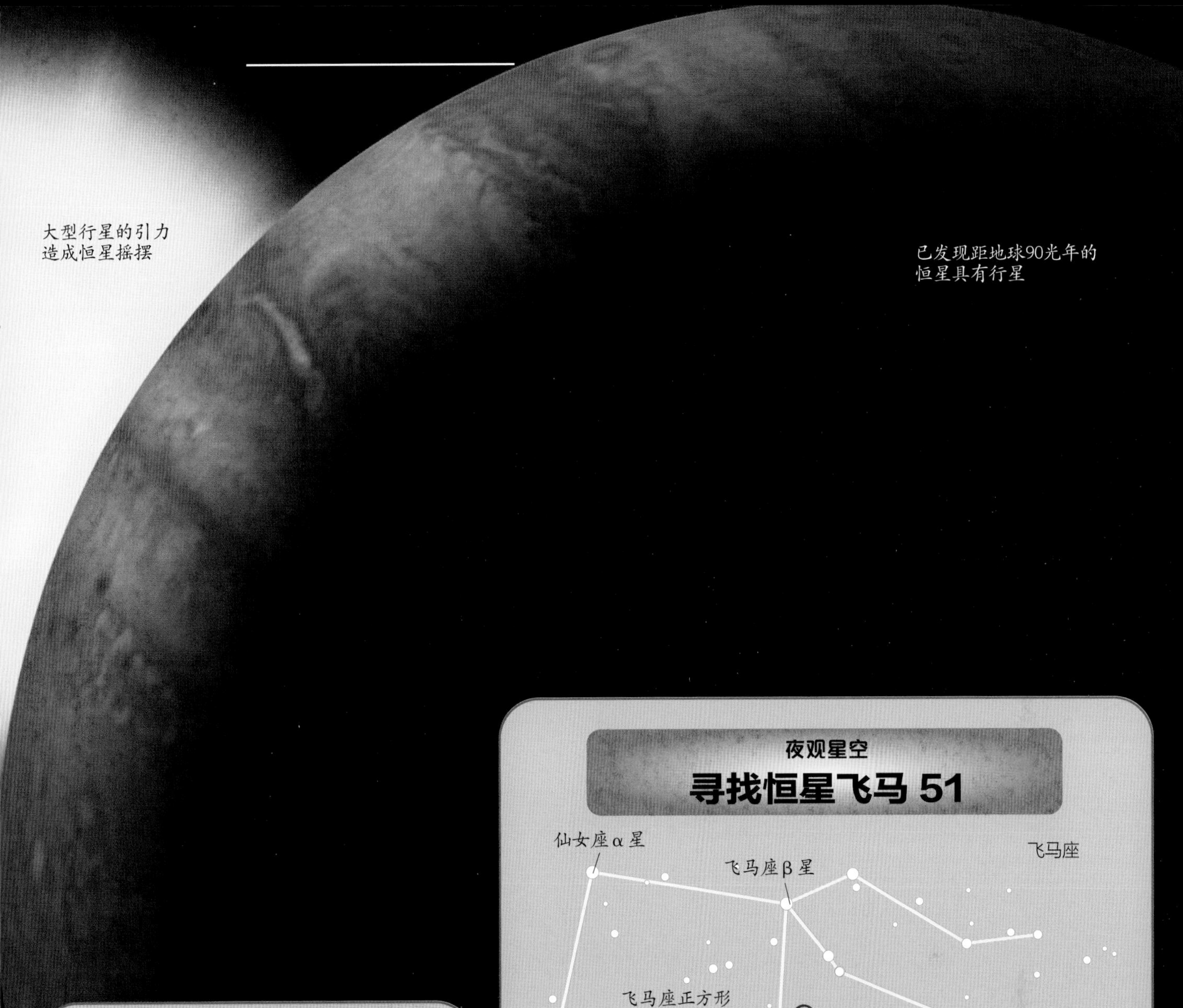

大型行星的引力
造成恒星摇摆

已发现距地球90光年的
恒星具有行星

寻找恒星飞马 51

仙女座α星

飞马座β星

飞马座

飞马座正方形

飞马座51

飞马座γ星

飞马座α星

新一代宇宙飞船"类地行星发现者"（假想图）

寻找类地行星

　　新一代宇宙飞船正在设计研究中，它将搜寻和检测太阳系外围绕恒星运转的行星。美国国家航空航天局的"类地行星发现者"将启用多元天文望远镜列阵，以便提供其他太阳系的高清晰图像。望远镜阵列特别灵敏，足以发现小如地球的行星。它将携带专用仪器去探明那些行星的结构，甚至包括探测那些行星能否存在生命。

　　在飞马座中，有一颗名为飞马51的暗淡恒星（见示意图），是颗 5.5 等星。1995 年发现有行星围绕它运转之前，几乎无人关注过它。这是第一颗已发现有行星的类似太阳的普通恒星，用双筒望远镜可以直接观测它。但不要期望用双筒望远镜观看它的行星，因为它们太微小了，用最强大的天文望远镜都看不到。那颗围绕它转的行星质量估计有木星的一半，而行星的运转轨道距它还不到 1 000 万千米。

星团和双星

　　大部分恒星都不是孤单地在太空中运行，而是与一个或更多的恒星结伴而行。这是因为许多恒星是同一时间、在同一气体和尘埃云中诞生的。最常见的是具有两颗恒星的恒星体系，称为双星。还有许多由 100 颗或更多颗年轻炽热的恒星组成的松散群体，称为疏散星团。最著名的疏散星团是金牛座（参见第 86~87 页）中的昴星团（七姊妹星团），昴星团里有 3 000 多颗恒星。经过相当长的时间后，这些恒星将会漂移分开。

恒星聚成球

　　由几十万颗恒星聚集成团，形成的巨大球体，称为球状星团。这个壮丽的球状星团（见右图）位于半人马座 ω 星附近，离地球约有 16 500 光年。银河系中已知的球状星团大约有 150 个。它们主要由古老的恒星构成，年龄约 100 亿岁。疏散星团总是出现在银河系的圆盘中，而球状星团却出现在圆盘上下的区域，离圆盘非常远。它们依照独立的轨道围绕银河系中心运转。

夜观星空
辨认星团

　　金牛座值得夸耀的是拥有两个最壮丽的疏散星团——昴星团和毕星团。在代表金牛眼睛、略带红色的一等星金牛座 α 星周围，就分散着属于毕星团的模糊恒星。当然金牛座 α 星本身并不是毕星团的成员。昴星团很容易辨认，但它的位置要远在这张图之外。它的别名是七姊妹星团，这说明我们可以看到它里面 7 颗最亮的星，但大部分人只能辨认出其中的 6 颗。两个星团用肉眼都可以看到，使用双筒望远镜效果会更理想。

金牛座β星　　　　金牛座
昴星团
金牛座ε星　　金牛座δ星
　　　　　　金牛座γ星
金牛座α星　　　　金牛座λ星
（毕宿五）
毕星团是一个庞大松散的V字形星团

梅西耶星表

　　法国天文学家查尔斯·梅西耶痴迷于彗星搜寻。但他经常会把某些模糊的天体误认为是彗星，实际上那些模糊天体是星团、星云和一些星系。后来，他把这些模糊天体排列成一个序号表，就是现在识别星团和星云时所用的梅西耶星团星云表。蟹状星云为 M1（梅西耶星团星云表中第 1 号），昴星团为 M45（梅西耶星团星云表中第 45 号）。

查尔斯·梅西耶（1730—1817）

观看双星

在许多天区都能看到一些彼此靠近的恒星，我们称之为双星。有些双星实际上离得相当远，彼此没有什么关系，只是处在相同的视线上，看起来似乎很近，这些称为视双星。在空间彼此靠近，被相互间的引力束缚在一起的恒星，才是真正的双星。双星系中的两颗恒星，围绕一个共同的引力中心（质心）运转。这个中心的位置取决于这两颗恒星的质量。在某些外观看似双星的系统里，实际上每一个星又是由两颗恒星构成（见右图）。

质量相等的双星系

质量不相等的双星系

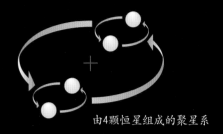
由4颗恒星组成的聚星系

超超新星

有些双星由于靠得太近，互相之间可以交换物质。当一颗恒星演化成白矮星时，就能把它伴星身上的大量物质吸引过来，结果使自己无法支撑，于是开始坍缩，最后爆炸分裂为超新星。这是威力最强的一类超新星（称为I型超新星）。

113 ▶

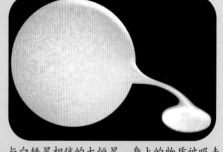
与白矮星相伴的大恒星，身上的物质被吸走

家庭实验
食双星

英仙座中有一对称为英仙β的双星，亮度一直在变化，因而被称为食双星。此双星有一颗小而明亮的恒星和另一颗大而暗弱的恒星，它们会周期性地从对方和观察者之间穿过（食）。当食发生时，英仙β的总亮度就会减弱。制作英仙β双星系的模型请准备旧报纸、乒乓球、橙色颜料、手工刀、两支笔形手电筒、橡皮泥。该实验需要家长参与指导。

英仙β含有一颗大而暗弱的恒星和一颗小而明亮的恒星

1. 在桌面铺上旧报纸，免得颜料弄得到处都是。把乒乓球涂成橙色，晾干。请家长帮忙用手工刀在乒乓球上开一个孔，大小应该能罩住笔形手电筒的小灯泡。

2. 拧下手电筒的灯头盖，露出灯泡。用橙色球蒙住一个灯泡，代表大而暗弱的那颗恒星，另一个直接露出灯泡代表小而明亮的恒星。打开手电筒，把橡皮泥贴在手电筒底部，使它们能直立在桌上。

3. 将暗弱恒星放在紧靠明亮恒星的位置上。在室内较暗时，记住两颗恒星并列时光亮的程度。然后，在明亮恒星周围移动暗弱恒星，模拟它在轨道中的运行。当暗弱恒星跑到明亮恒星后面时，由于明亮恒星遮挡住暗弱恒星，因此它们的总亮度略有减弱。当暗弱恒星跑到明亮恒星前面时，它们的总亮度则明显减弱。这和英仙β中两颗恒星周期性地遮住对方光亮的情况是相同的。

在恒星之间

　　人们通常认为宇宙是一个点缀着星星的黑暗而虚无的空间。其实，恒星间并非一无所有。宇宙间都含有气体和一些极小的尘埃颗粒，这些物质称为星际物质。在某些区域，这种物质相互聚集，构成星云，往往呈现出发光的神秘斑纹。有些星云发光是因为其中含有恒星，它们能给星云的物质提供能量，使它们发光。

壮丽的猎户星云

　　最著名的星云当数猎户星云（M42），它就像群星中的一个神秘的斑纹，用肉眼很容易看到。右图中，最大的特写画面就是M42。这是一个发射星云，受到猎户座四边形辐射的激发而发光。猎户座四边形是深藏在猎户星云最明亮区域中的聚星系。猎户星云范围约有16光年，距我们约1 500光年之遥。M42上方的小星云是一个反射星云，因为反射附近恒星的光而发光。

夜观星空
猎户星云

　　壮丽的猎户星云恰好骑跨在天赤道上，因此受到南北两半球天文学家的赏识。它位于"猎人的腰带"那三颗亮星的下面，构成"猎人的短剑"，很容易被观察到。

猎户星云

猎户座λ星
猎户座α星（参宿四）
猎户座γ星
猎户座δ星
"猎人的腰带"
猎户座ε星
猎户座ζ星
猎户星云（M42）
猎户座β星（参宿七）
猎户座K星

马头星云

　　猎户星云中，在"猎人的腰带"中的猎户ζ附近，还有另一个华丽的星云，通过天文望远镜就能看到它。它的形状像一个淡黑色的马头，这就是马头星云。它由气体和尘埃构成，不能发光。在后面明亮星云发出的光的衬托下，它才显出自己暗黑色的形状。类似这样的暗星云称为分子云（参见第100页），恒星在其中诞生。

育星柱

右图是哈勃空间望远镜拍摄的一幅称为"育星柱"的照片。照片上显示出一些奇怪的柱子，它们由孕育着恒星的淡黑色气体构成。支柱位于巨蛇座鹰状星云（M16）中暗分子云的边缘，附近恒星强烈的紫外线辐射不断使它们蒸发。这些柱子将逐渐消失，留下浓密的气体球。气体球最终也将蒸发。这种结构称为 EGG（蒸发中的气体球）。

沸腾中散开的气流

在炽热恒星发出的紫外辐射光的衬托下，这些柱子显得很暗

鹰状星云中怪诞的淡黑色柱子，由哈勃空间望远镜拍摄

家庭实验
暗星云

被称为暗星云的黑斑就像宇宙空间中的洞穴，实际上它们是由不可见的气体构成的。暗星云挡住我们的视线，使我们看不到它们后面的物体。在本实验中你可以看到这种视觉上的错觉是如何产生的。请准备白色卡片纸、剪刀、鲜艳的喷涂颜料、两张黑色卡片纸、白色颜料、细画笔、一片摄影胶片和橡皮泥。

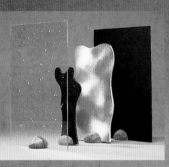

1. 先制作一片亮星云，用白卡片纸剪出波浪形边缘，用鲜艳的喷涂颜料给它着色。再由黑卡片纸中剪出一片较小的波浪形边缘，代表暗星云。用白色颜料在胶片上画点（代表许多恒星）。最后用橡皮泥固定这些纸片，使它们能够直立。

2. 把胶片放在未剪过的一张黑卡片纸前面，同时将白卡片纸放在它们之间。这时你会看到在繁星密布的空间中有一片亮星云。

3. 把波浪形状的黑卡片纸放在胶片和白卡片纸中间。确保所有卡片都排成一列，这时你会发现暗星云处在亮星云的衬托下，就像一个洞穴或一个穿越空间的隧道。

碳（C）

甲酸（CH_2O_2）

氮（N）

氧（O）

氢（H）

氨（NH_3）

硫化氢（H_2S）　硫（S）

星际物质

星际物质的主要成分是宇宙间最多的元素氢，还有 80 多种其他不同的物质已经在星云中发现。上图所示为三种分子结构，有氨、硫化氢和甲酸。其他还包括水、乙醇以及氨基乙酸（甘氨酸）。氨基乙酸特别让人感兴趣，它是一种简单的氨基酸，而氨基酸是构成生命的基本要素。

类太阳恒星的消亡

恒星在稳定发光中度过它生命的大部分，它是通过在自己的内核中聚合氢来产生能量的。最终，经过百万年或数十亿年后，它会耗尽所有的氢走向死亡。恒星死亡的方式取决于它的质量。与太阳质量类似的恒星会相对平静地死亡。它们会渐渐膨胀起来，变得比较红，成为红巨星。此后，这些巨大的恒星会把自身的物质抛散到空间，然后收缩变成白矮星。随着时间的流逝，这些恒星会冷却并最终形成碳球——黑矮星。然而还有更多的大质量恒星，是以爆炸出局的。

主序星能够稳定发光数十亿年

红巨星可以比原始恒星大10至100倍

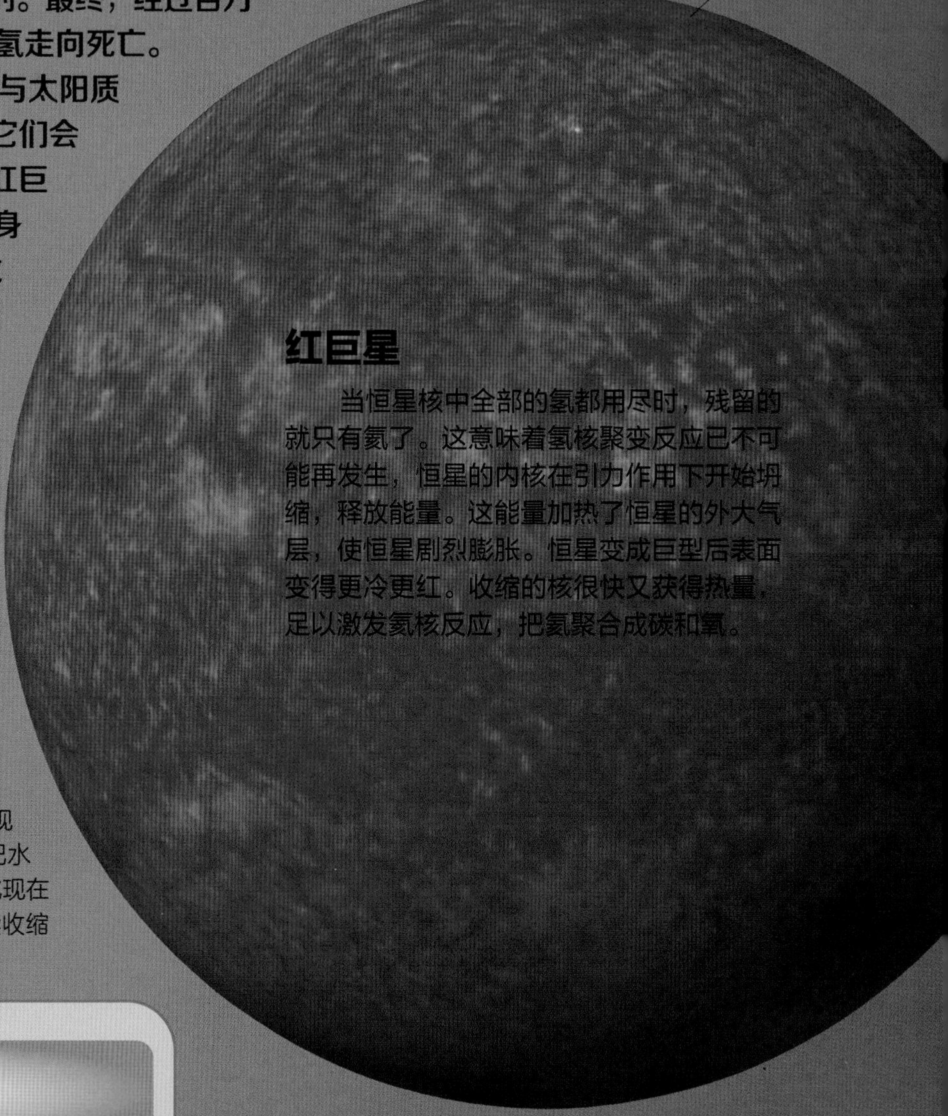

红巨星

当恒星核中全部的氢都用尽时，残留的就只有氦了。这意味着氢核聚变反应已不可能再发生，恒星的内核在引力作用下开始坍缩，释放能量。这能量加热了恒星的外大气层，使恒星剧烈膨胀。恒星变成巨型后表面变得更冷更红。收缩的核很快又获得热量，足以激发氦核反应，把氦聚合成碳和氧。

消亡中的太阳

太阳现在的年龄大约是 50 亿岁，它还将继续稳定地存活 50 亿年。当它开始走向死亡时，它将膨胀变成红巨星，直径可能比它现在要大 30 倍或更多，甚至可能延伸到足够把水星吞没。成为一颗红巨星时，太阳的亮度将比现在亮上千倍，之后再经过大约 20 亿年，它持续收缩直到变成白矮星。

夜观星空
红巨星

大角星，牧夫座中最亮的牧夫 α，带有引人注目的橙红色，是一颗红巨星。它的视星等为 −0.1 等，在全天 21 颗亮星中排名第四。在风筝形的牧夫座里，它出现在"风筝"的尾端。它还有一个名字叫阿克蒂乌洛斯，意思是"熊的守护者"。

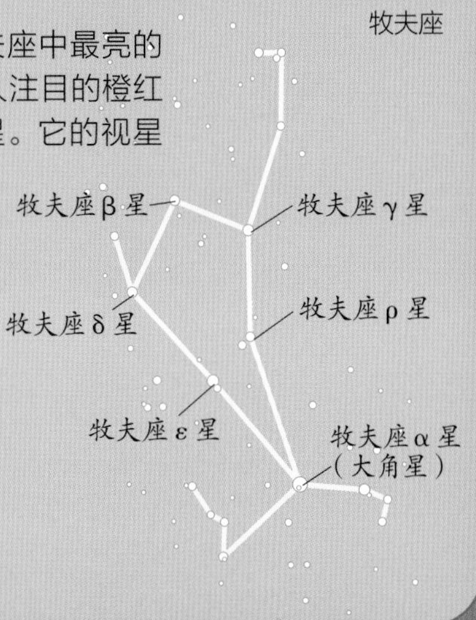

牧夫座

牧夫座 β 星
牧夫座 γ 星
牧夫座 δ 星
牧夫座 ρ 星
牧夫座 ε 星
牧夫座 α 星（大角星）

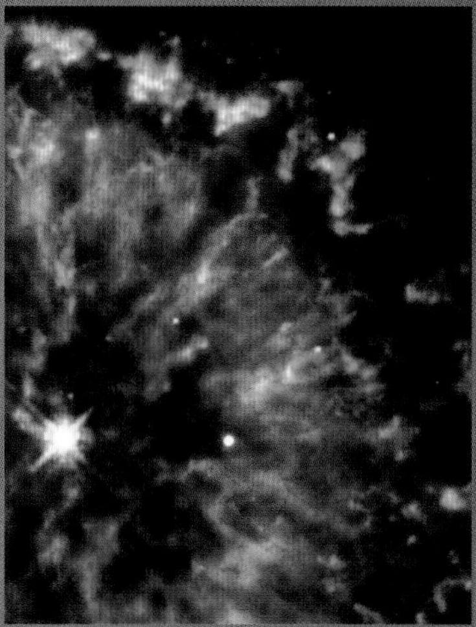

刮"风"的时候

随着时间的流逝，红巨星可能失去大部分质量。它们的外层以恒星风的形式喷出，吹向太空。这个过程会被周期性的膨胀和收缩加速，这是许多红巨星都要经历的。图中白热的恒星在数千年期间始终向外喷射出尘埃云。

行星状星云

当红巨星将核中全部的氦用尽时，核反应也就停止了。它的内核迅速坍缩，释放出巨大的能量。这些能量释放得太迅猛，以致把它的外层喷发到宇宙空间中。排出的气体和尘埃在恒星的白热残留物周围形成一个盘旋着的膨胀的圆壳，这时它就成为宇宙中最绚丽的景色之一——行星状星云。通过小型天文望远镜观察时，它的外观很像圆盘似的行星。

之所以称它为爱斯基摩星云，是因为它看起来很像戴着皮帽的爱斯基摩人（现称因纽特人）

炽热的新形成的白矮星

随着缓慢地冷却和消失，它们改变着颜色

致密的矮星

行星状星云中心的物质核，只有行星般大小。我们称它为白矮星。典型情况下，它和地球差不多大，但密度极高，是水密度的100万倍。白矮星不是由普通物质构成的，它由环绕在中心物质四周的电子和核子构成，引力将电子与核子挤压在一起。新形成的白矮星是炽热的，它的表面温度达到几万摄氏度。

家庭实验
恒星尘埃

一颗红巨星的核里会由于氦核的聚变而产生碳，之后又把这些碳喷到太空。碳冷却后便形成恒星尘埃的颗粒斑。在本实验中你可以模拟这一过程。准备蜡烛及烛台、火柴、小碟、耐热手套。该实验需要家长参与指导。

1. 将蜡烛放在烛台上，戴上耐热手套。请家长帮忙点燃蜡烛，拿起小碟，放到蜡烛上方，使小碟接触火焰。

2. 当火焰与小碟接触时，你会看到小碟上开始出现烟黑。旋转小碟。

3. 火焰中含有看不见的极小的炭粒子，当火焰接触到比较凉的小碟时，炭粒子会凝结形成烟黑。在太空中，来自红巨星的碳也会形成烟黑状物质，缓慢地飘离恒星。

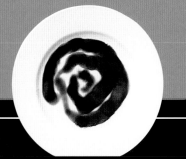

火柴盒大小的白矮星物质，质量至少相当于几头大象

大质量恒星的消亡

比太阳具有更大质量的恒星会以一种十分壮观的方式来结束自己的生命。当它们"死"的时候，会膨胀成巨大的超巨星，但此状态不会维持太久，很快它们便把自己爆裂成超新星。这是宇宙中最剧烈的爆炸之一。超新星在银河系中平均300年可以见到一次。1987年，在我们邻近的大麦哲伦星系中出现了一颗用肉眼就能看到的超新星，它残留至今的遗迹犹如膨胀着的气体和尘埃云。

大质量的蓝-白巨星燃烧氢

氢被耗尽时，恒星膨胀。随着表面冷却，它先变为黄色，然后变为红色

超巨星

典型的超巨星比太阳的直径大数百倍，相当于红巨星的10倍。当远超过太阳质量的大质量恒星核内的氢全部耗尽，开始膨胀时，超巨星就形成了。把氦核聚合成碳核的新的核反应过程也随之开始。然而，与较小的类太阳恒星不同，由于碳的大量增加，这类恒星的内核在自身的重力下开始坍缩，释放出的能量产生极高的温度，足以激发进一步的核聚变反应。核聚变反应把碳转变成其他元素，如镁、硫、硅，最后是铁，核反应到此终止，因为铁不能再聚合成其他元素。铁在核内增加，给超巨星的暴裂谢幕提供了新舞台。

钱德拉塞卡极限

印度裔美籍天体物理学家苏布拉马尼扬·钱德拉塞卡（1910—1995）因研究恒星结构与演化而著名。他计算出钱德拉塞卡极限，可以由此判定恒星能否成为白矮星或出现超新星爆炸。1983年，钱德拉塞卡获得诺贝尔物理学奖。

超巨星的直径可能比太阳的直径大1 000倍

超级大爆炸

当超巨星的铁核超过太阳质量的 1.4 倍（钱德拉塞卡极限）时，它开始向内部坍缩，恒星物质被挤压到越来越小的空间里。核的坍缩也引起外层随着坍缩，这一过程释放出特别巨大的能量，引发一场极其巨大的爆炸把恒星撕成碎片。这就是超新星。坍缩的核既可能成为中子星，也可能成为黑洞。

黄金都是在超新星爆发期间生成的

产金者

大质量恒星内部的核反应会把较轻的元素聚合成铁，但是不能生成黄金那样的重元素。只有超新星才能产生足够的能量，激发新的核聚变反应，宇宙中一切较重的元素全是在这些爆炸过程中生成的。

由中子构成的中子星是只有城市大小的恒星

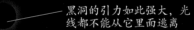

当恒星变成超新星时，它的亮度会骤然增加数十亿倍，可以照亮整个星系

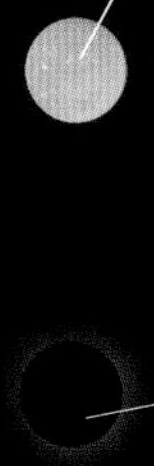

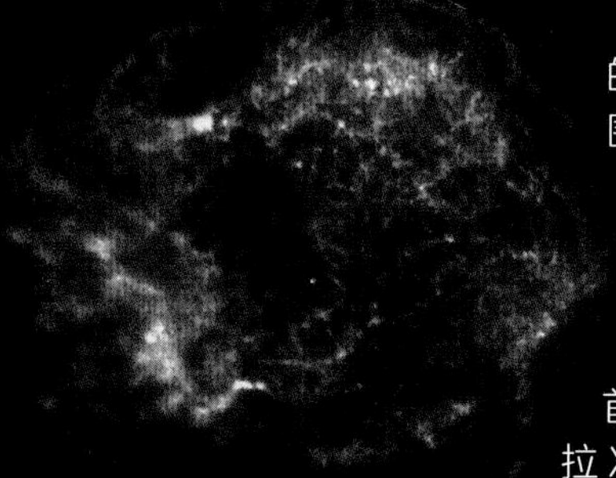

后果

在超新星爆发中被炸出来的物质，在原来恒星的遗迹周围形成了巨大而不断扩展的云，这种云称为超新星遗迹。左图所示为在仙后座中爆发的超新星遗迹，该恒星爆炸发出的射线大约于 300 年前首次到达地球。此图像由钱德拉 X 射线天文望远镜拍摄。此遗迹名为仙后座 A，是一个强大的 X 射线和射电波辐射源，在可见光中看不到它。

黑洞的引力如此强大，光线都不能从它里面逃离

家庭实验
巨大的冲击波

1. 选一处宽敞的空间，举起网球，松手使它落地。记住它反弹的高度。再用大球重复一遍上述过程。每个球反弹的高度大约为坠落高度的 3/4。

2. 将网球用手握住放在大球的顶端，如左图所示。让它们一起坠落。大球撞到地面反弹起来，此时网球会从大球顶端反弹而起。

3. 网球从大球反弹的弹力得到额外的能量，高高射入空中。这类似于超新星内部坍缩的气体和尘埃被恒星核反弹起来，炸裂后散布到太空的情景。

当大质量恒星变成超新星时，它的内核坍塌收缩，恒星的外层也随着坍缩。坍缩进核里的外层物质又从核里被猛烈地弹回，恒星便爆炸碎裂。在本实验中，你可以模拟恒星外层（小球）和恒星核（大球）之间的碰撞。请准备网球、大的带弹性的球。

脉冲星和黑洞

当一颗大质量恒星死亡时，它的核便坍缩。随着内核收缩，引力挤压它的物质。原子受到碾压时，电子被迫进入原子核内，与质子结合生成中子。当全部转化为中子后，中子星就诞生了。有些中子星是脉冲星，这是因为它们快速旋转，发出辐射的脉冲。如果正在坍缩的核具有超过太阳 3 倍的质量，那么中子星会继续收缩。它的引力会变得极其强大，甚至连光线也不能逃出，形成宇宙中的黑洞。

蟹状星云的脉冲

在金牛座中有一片膨胀的气云，这就是著名的蟹状星云。它是在 1054 年发现的那颗超新星的遗迹。在这个星云的中心，有一个每秒向地球闪射 30 次光脉冲的天体。天文学家把它称为脉冲星，并且证实它是旋转着的中子星。1967 年，正在英国剑桥大学读研究生的乔斯林·贝尔用射电望远镜接收到了一些有规律的脉冲信号，发现了第一颗脉冲星（参见第 15 页）。

家庭实验
制造脉冲星

脉冲星是快速旋转的中子星，它向空间射出一对辐射束流。这种辐射通常是射电波，但也有些脉冲星，像蟹状星云里的脉冲星，能够发出可见光束流。当它们的光束通过我们的视线时，我们能够看到脉冲闪光。你可以在本实验中制造"脉冲星"。请准备两支笔形手电筒、黏性油灰、薄卡片，胶带、剪刀、线绳。

当其反复扫过你的眼睛时，光束显示为一闪一灭的脉冲

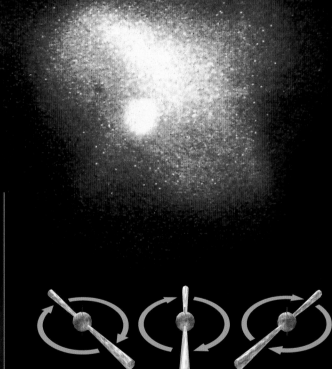

脉冲灭　　　脉冲闪亮　　　脉冲灭

1 用油灰把笔形手电筒的尾端连接在一起，使两个手电筒成一条直线，向相反的方向发光。用薄卡片纸把连接处裹紧，用胶带粘接牢固。剪一段线绳拴在连接处。

2 把线绳悬挂起来，使两个手电筒达到平衡。打开电源开关，让手电筒旋转。在黑暗的房间里用眼睛观察手电筒的光。光束在旋转中从你眼前转过，光好像一闪一灭地不断重复。再变换各种角度去观察，你会发现脉动的光束不是在任何角度都能够看到的。

宇宙的"灯塔"

当一颗中子星飞速旋转时，高度集中的磁场也在它的周围旋转。这个旋转着的磁场引起带电粒子（质子和电子）的旋转。当它们运动时，便以电磁辐射发出能量（参见第 14~15 页）。中子星从它的两个磁极发射出这种辐射，犹如光束强大的灯塔。如果光束扫过地球，我们就能发现周期性的脉冲辐射；如果光束扫不到地球，我们就无法发现脉冲星的存在。

最后的无底洞

　　最大的恒星具有超过太阳质量3倍以上的核，在这种情况下，当内核坍缩时，中子星就承受不住了。随着核的收缩变小，它的引力变得极为巨大，甚至连中子也被碾压。最终，引力变得极为强大，以致连光线也不能从中逃离。内核不见了，在空间留下一个黑洞。黑洞具有超强的引力，能够吞没接近它的任何物体。天文学家确信，在黑洞内部，核已经被压缩成极微小的点，称为奇点。

蓝巨伴星

黑洞的引力从
伴星吸积气体

探测黑洞

　　在空间的黑暗背景中要发现一个黑洞是不可能的，但是在双星系中，当黑洞有邻近的伙伴时，我们就能间接地探测到它（参见第507页）。黑洞强有力的引力能把伴星的物质吸过来，形成旋转的吸积盘。吸积盘内部的摩擦使气体变得非常热，并且连续发出可以探测的X射线。

吸积盘飞速旋转

黑洞附近的气体温度
上升到1亿摄氏度

强大的X射线由旋转的
超高温气体发出

黑洞

航天员在黑洞附近迷路，
但外表还很正常

拉成意大利面条

　　如果航天员不幸坠入黑洞，就会被抻长拉细，变得像意大利面条。之所以会遭此厄运，是因为黑洞内部的引力增长非常迅速。航天员的腿刚进入黑洞时，便立即经受到比头部强得多的引力，被抻拉到难以置信的长度。这个过程会迅速蔓延到航天员的整个身体。

航天员的身体开始伸长，
随光波变长他的身影开
始泛红

伸长的程度不断增加，
身影变得更红

霍金的微黑洞说

　　极小的黑洞，体积相当于原子，却具有数十亿吨的质量，可能在宇宙刚诞生时就已经生成了。英国物理学家斯蒂芬·霍金（1942—2018）提出，微黑洞周围的极强引力能够使它产生辐射。这种"霍金辐射"能耗尽微黑洞的能量和质量，直到最后消失在剧烈的伽马射线爆炸中。

星 系

图片：

壮丽的旋涡星系 ESO269-57，距离我们 1.55 亿
光年。在背景中能够看到数百个星系

宇宙岛

在晴朗的夜晚，我们总能看到无数恒星遍布整个天空。用肉眼看到的每一颗恒星都属于一个群体，这些群体被称为星系。我们的家园所在的星系，就是银河系。银河系至少含有 1000 亿颗恒星，而在整个宇宙中，它仅仅是 1000 亿个星系中的普通一员。宇宙中几乎所有的恒星都生存于星系这些巨大的"宇宙岛"中。星系又属于一个个星系团，星系团又形成更大的群体——超星系团。

描绘银河系

直到 18 世纪初，天文学家才开始思考银河系有怎样的真实面目。英国天文学家弗里德里希·威廉·赫歇尔当时已经认识到，银河系看似带状是因为地球就处于恒星层的内部。

通过在选定的天区统计恒星的数目，赫歇尔算出恒星在银河系中分布的大致情况。利用这种资料，他得出有史以来第一幅银河系结构图。他推断银河系的形状很像一个凸透镜——中间最厚，越靠近边缘越薄。

赫歇尔还在天空中搜寻星云，他发现了 2 000 多个。在此项工作中，他继续着查尔斯·梅西耶的工作。经梅西耶编号的星云和星团至今依然非常有名，前缀"M"的就代表经梅西耶编号的星云和星团（参见第 106 页）。不过让赫歇尔感到疑惑的是，在众多星云和星团中，有些模糊的天体可能是单独的星系。

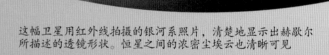

在天鹅座中可以看到银河系的这部分，绚丽的星云突出在稠密的恒星中

银河系

对夜空观察者来说，银河是一条横越天空的模糊光带。通过双筒镜或天文望远镜观察时，就能看到大量暗淡的恒星紧密地挤在一起。

银河系的形状像一个中心凸起的圆盘。如果你向它的中部看，看到的是极其"深厚"的恒星，它们密密麻麻地挤在一起。在北半球，银河系最亮的部分位于天鹅座和天鹰座之间，而在南半球则位于人马座和天蝎座之间。

这幅卫星用红外线拍摄的银河系照片，清楚地显示出赫歇尔所描述的透镜形状。恒星之间的浓密尘埃云也清晰可见

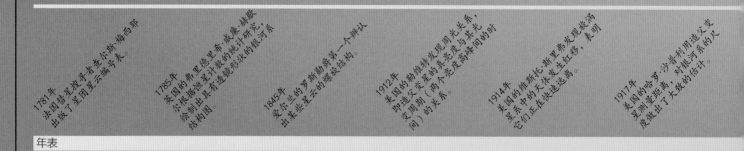

1781年
法国彗星搜录者查尔斯·梅西耶出版了星团星云编导表。

1785年
英国的弗里德里希·威廉·赫歇尔根据恒星计数的统计研究，绘制出具有连镜形状的银河系结构图。

1845年
爱尔兰的罗斯勋爵第一个辨认出来些星云的螺旋结构。

1912年
美国的勒维特发现周光关系，即造父变星的真亮度与其光变周期（两个光度高峰间的时间）的关系。

1914年
美国的维斯托·斯里弗发现旋涡星系中的天体发生红移，表明它们正在快速远离。

1917年
美国的哈罗·沙普利用造父变星测定距离，对银河系的尺度做出了大致的估计。

年表

壮观的旋涡星系

19世纪40年代，一个名叫威廉·帕逊的爱尔兰贵族，即罗斯勋爵，建造了一架称为"巨兽"的大型天文望远镜。他用此镜观测梅西耶星表中编号为51的天体，发现该天体具有旋涡结构。后来的研究表明许多星云都有类似的旋涡形状。但它们是银河系的一部分还是在银河系之外呢？无人知道答案。这是因为当时没有人知道银河系的范围有多大，那些星云有多远。

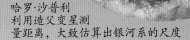

哈罗·沙普利利用造父变星测量距离，大致估算出银河系的尺度

极度活跃

哈勃把星系分为四个主要类型——旋涡星系、透镜状星系、椭圆星系和不规则星系。所有的星系几乎都属其中的一种。然而也有少数星系是以它们令人吃惊的超高能量输出而引人注目的，我们称它们为活动星系。

类星体是活动星系的一种类型。它们还没有太阳系大，但是发出的能量却相当于普通星系的数百甚至数千倍。它们能以可见光、X射线以及射电波的形式辐射能量。天文学家认为给类星体或所有其他活动星系提供动力的"发动机"就是黑洞。

类星体还有一个特别之处就是它们距离遥远。许多都出现在十分靠近可观察宇宙的边缘——距离我们超过100亿光年。

近与远

1917年，美国天文学家哈罗·沙普利利用造父变星作参考，对银河系的尺度做出一个大致的估计。沙普利认为银河系的宽度范围大约有30万光年（大约是银河系实际宽度的3倍）。那么那些旋涡星云是位于银河系之外吗？

1923年，美国天文学家爱德文·哈勃发现了第一个银河系外的星云——著名的仙女座大星云（实为星系）。他发现了星云一条旋臂中的造父变星，计算出它离地球的距离是90万光年。这表明它远在银河系之外。哈勃继续对许多其他星系进行研究，发现它们都有急速远离我们的迹象。这意味着宇宙必定处在膨胀之中。

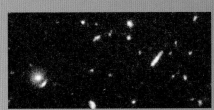

尽管远在数十亿光年以外，但类星体还是显得比一般星系明亮得多

"哈勃深场"图像展现出宇宙早期的星系模样

深空

大型地面天文望远镜能够辨认出距离如此遥远的类星体，是因为类星体特别明亮。但地面天文望远镜却不能辨认出遥远的一般星系。然而，升入太空的哈勃空间望远镜却能够承担此重任。

1995年，哈勃空间望远镜曾经用10天时间对大熊座中一小片天区进行观察，它拍摄的这幅图像以"哈勃深场"而闻名。图中有些星系距离地球超过100亿光年。哈勃空间望远镜拍摄到的这些星光是经历了漫长的时间才到达我们眼睛的，因此我们现在看到的天体是它们100亿年前，即宇宙诞生后几十亿年后的样子。通过对这幅图像的研究，人类能够了解那时的宇宙。

大麦哲伦云（见下图）位于银河系16万光年以外

1923年
美国爱德文·哈勃证实旋涡星云位于银河系之外，称为河外星云。

1929年
爱德文·哈勃发现星系距离越远，退离得越快，由此产生宇宙膨胀的观念。

1943年
美国卡尔·基南·赛弗特发现具有超亮中心的星系，现在已知道是活动星系。

20世纪50年代
射电天文学家发现射电星系，现在已知道是活动星系。

1963年
荷兰的埃里克·施密特发现射电源3C273是一个类似恒星的天体，它的射电功率极高。这是人类第一次认识类星体。

1995年
哈勃空间望远镜拍摄"哈勃深场"，图像中拍摄到特别遥远的星系。

2004年
哈勃空间望远镜对"哈勃深场"中更小区域和更深区域进行了拍摄，得到"哈勃超级深场"图像。

2012年
哈勃空间望远镜再次进行拍摄，得到"哈勃极端深场"图像，该图像能够回溯到132亿年前的星系。

我们的银河系

我们在宇宙中的家园——银河系至少有 1000 亿颗恒星，太阳只是其中之一。银河系是由一个庞大的炽热气体球生成的，这个巨球在自身引力下坍缩，由明亮的恒星聚集成棒旋星系。它的中部有一个恒星汇聚的巨大短棒，一些长臂从短棒的末端盘旋而出，其中布满明亮的新恒星以及由气体和尘埃构成的浓云。银河系极其宽广，它的圆盘边缘厚度只有 2 000 光年，但直径却达到 10 万 ~18 万光年。

在太空中从极遥远处看到的银河系

核里的短棒

银河系的核像个短棒，它厚约 6 000 光年，其中含有大量的老年红色和黄色的恒星，因而发出淡黄色的光。这些恒星比旋臂中那些年轻的恒星多得多，而且互相拥挤在一起。射电天文学已经揭示出银河系核心是一个极复杂的区域，那里有巨大的分子云，有高速运动的气体喷流，还有一个倾斜旋转的气体盘。就在星系的中心存在着大质量的黑洞（参见第 122 页）。

在晕之中

银河系的大部分恒星都在核心和银盘上。银盘中的恒星在盘的平面（银道面）上围绕银心旋转。核心中的恒星集中在短棒内。但有一些恒星形成的球状星团却在独立的轨道中运行，这些轨道位于核球外的区域，此区域称为银晕。银晕包围着整个银河系。银晕的尺度约为 15 万光年，它还包含有我们看不见或探测不到的神秘暗物质（参见第 140 页）。

艺术家想象的在旋涡星系周围出现的暗物质晕

夜观星空
银河

在仙后座和英仙座中的银河

即使远离光污染的城区，你也需要在晴朗的夜晚去观察银河。它整体最明亮的时间在每年的 7 月至 9 月，这时地球上夜间的一面恰好面向银河系的中心。

光芒四射的球状星团

运行在银晕中的球状星团，和旋臂中的那些年轻的疏散星团大不相同。球状星团中的恒星是古老的，它们被挤压进入庞大的球形星团中（参见第 106 页）。球状星团有 100 光年宽，含有数十万颗恒星。它们和银道面的距离可能有 30 万光年。球状星团是由银河系原初物质形成的，它们的年龄约为 100 亿岁。

稠密的球状星团 M80

乳白色的环

在夜空中，银河像一条横跨星空的乳白色亮带。古希腊人称其为"乳白的环"，他们认为这是来自神后赫拉乳房的乳汁流。环带只是人们从横截面方向看银河系的印象。它最亮的区域在人马座中，人马座恰好位于银河系中心的方向。银河里有些部位看起来好像是缝隙或深洞，实际上那是一些巨大的淡黑色尘埃云，是它们遮住了后面恒星的光。

银河系的射电图像

天文学家给银河系绘制结构图，是利用射电波而不是可见光波——因为可见光波的频率较高，受到空间尘埃云的阻挡；而射电波频率相当低，能够穿云而过。在本实验中，你将看到阻挡不同频率的波是可能的。请准备便携式收音机、厚毛毯。

1. 把收音机调到你喜欢的音乐台，然后用毛毯把收音机包裹起来，确保收音机被完全盖住。

2. 这时听音乐，哪些音符你听得最清楚，是高音符还是低音符？你会发现你听不清高音符（高频率），但却能听清低音符（低频率）。

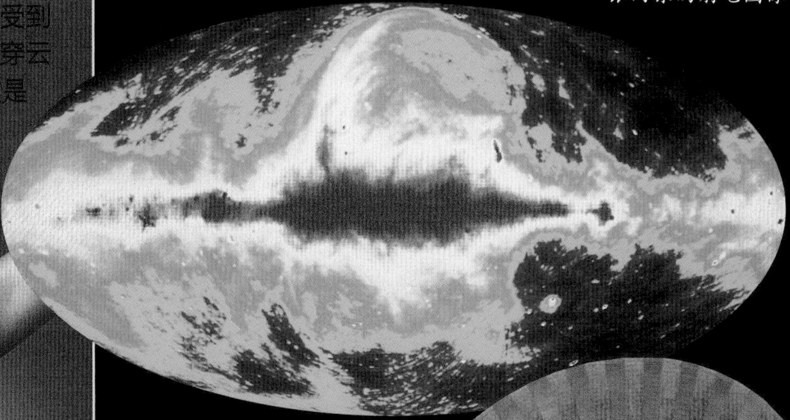

映射银河系

普通照相术不能显示出银河系中暗尘云后面的状况，于是天文学家利用射电望远镜（见右图）拍摄射电照片。射电波来自星际氢气，它们能穿过尘埃的阻隔。在这幅射电图片中（见上图），红色代表强烈的射电发射。

银河系的内部结构

天文学家利用射电天文望远镜探测银河系，已经发现银河系的形状和构成。射电图像显示出像恒星和气体云一类的天体，都集中在一些长而弯曲的区域里，这些区域称为旋臂。旋臂从银心的短棒末端向外弯曲着伸出。银河系的中心是强扰动及高能量的区域，含有稠密的恒星团和黑洞，它以人马座 A 的强射电源作为标志。

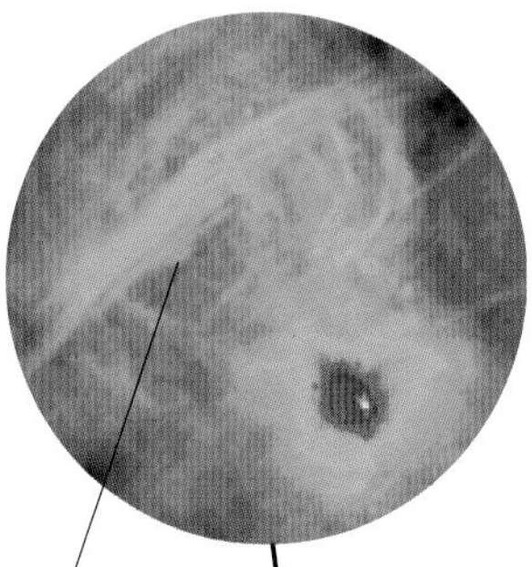

旋臂

银河系的两条主要旋臂是人马臂和英仙臂。人马臂横扫整个银河系，它包含一些最壮丽的天区，例如鹰状星云、欧米茄星云、三叶星云、礁湖星云和船底星云。英仙臂在远离银心的地方，和其他旋臂并不连贯。它们之间还有一个猎户臂，也称本地臂。这便是太阳和太阳系所在的区域，距离银心大约 2.8 万光年。猎户臂曾一度被认为是人马臂与英仙臂之间的一个"桥"，现在它已被确认为一个名副其实的旋臂。

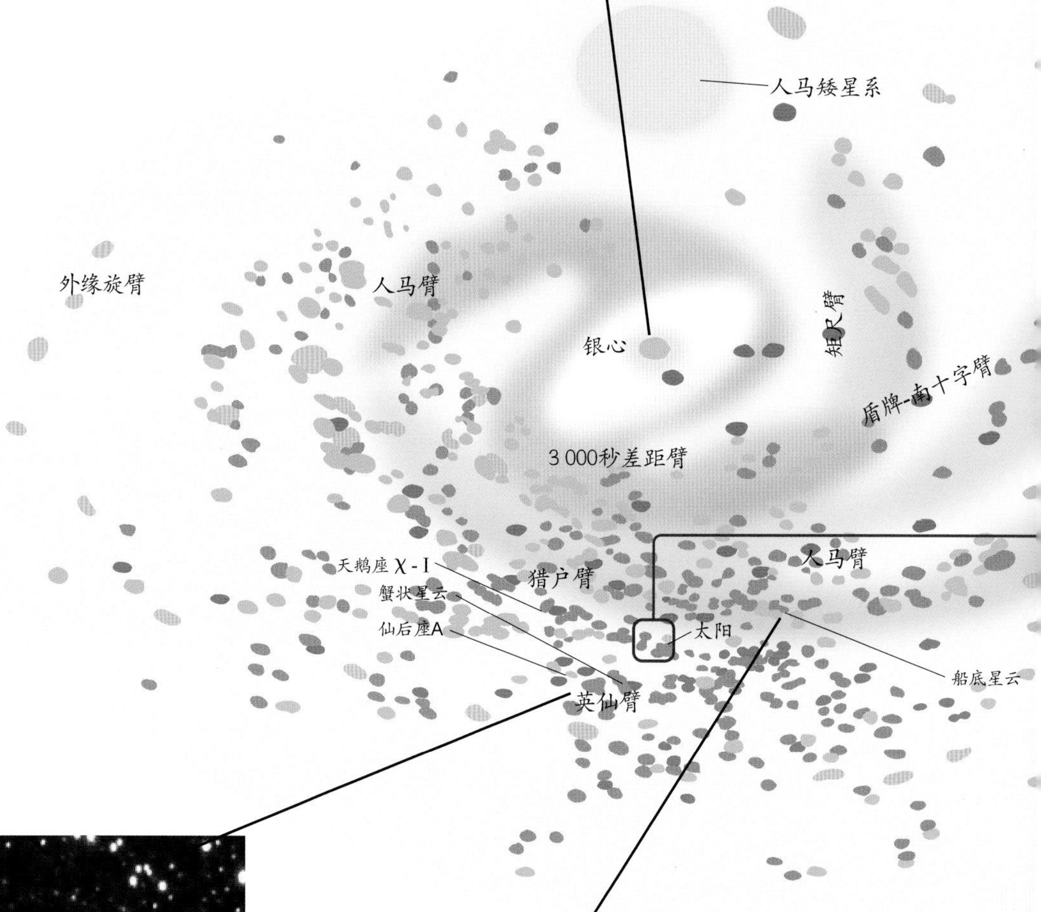

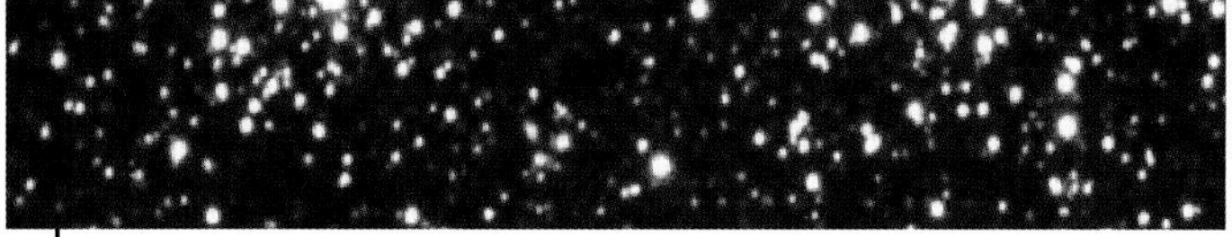

人马座 A

强射电源人马座 A 是银河系中心的标记。它位于强磁区，中心的射电图像（见左图）显示出弯曲的特征，称为弧。那是一片磁化气体的环形区域。

弧

人马矮星系

外缘旋臂

人马臂

银心

短臂

盾牌－南十字臂

3 000秒差距臂

天鹅座 X-I

猎户臂

人马臂

蟹状星云

仙后座A

太阳

船底星云

英仙臂

英仙臂中的双星团

很少能看到两个靠得很近的星团，但在英仙座范围内，距离我们 7 000 光年以外的地方，就有一对相距只有几百光年的双星团。它们是一对疏散星团，在天体表中被称为 NGC869（左边）与 NGC884（右边）。每个星团都含有几千颗炽热、明亮的 O 型和 B 型恒星（参见第 99 页），并且都位于特别庞大、由年轻恒星构成的松散群体的中心。

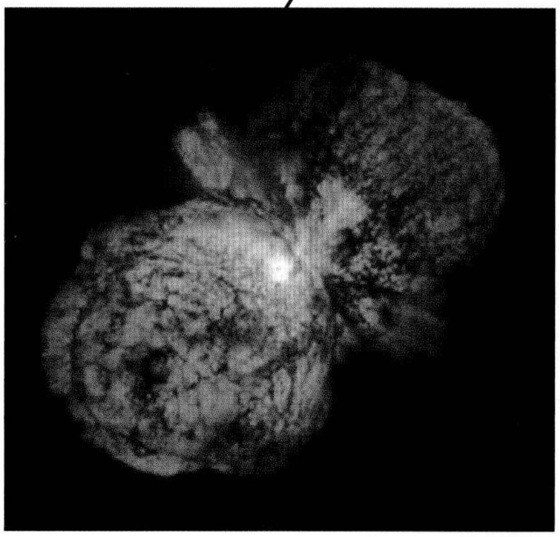

船底座 η 星

船底星云是船底座 η 星的家。船底座 η 星的质量比太阳大 100 倍，亮度是太阳的几百万倍。这幅哈勃空间望远镜拍摄的照片显示出，船底座 η 星被尘埃云像茧一样包裹起来，这尘埃云是它在 1843 年突然爆发时喷射出来的，因此它也成为南天星空中最明亮的恒星之一。船底座 η 星非常不稳定，随时会爆炸生成一颗超新星。

邻近区域

本页的天图所示为太阳邻居中猎户臂更加精细的详图。它包含直径约 5 000 光年的区域，显示出一些熟悉天体的大致位置，比如参宿七（猎户 β）、昴星团、马头星云等。巨大的氢气云遍及银河系的这一区域，使它成为恒星形成的摇篮区。"恒星孵化器"相当多，如在猎户星云中，在北美洲星云中，在蛇夫 ρ 星云中。

蛇夫座 ρ 星

蛇夫 ρ（中右）和天蝎 α（上左）都在一个色彩最绚丽的区域中。图中红色显示出天蝎 α 和天蝎 δ（下左）的辐射激活了气体原子使它们发光。蓝色显示出极细尘埃反射的恒星光。

天图色标符号表

氢气云
星云浓密区域
分子云
星协（比星团稀疏得多的恒星群）
超新星遗迹
星际泡
星团和巨星

圈状星云Ⅱ和Ⅲ是爆炸成超新星的大质量恒星遗迹

圈状星云Ⅰ是大质量年轻恒星激起的强风吹胀的巨泡

北美洲星云和鹈鹕星云

哑铃星云

心宿二（天蝎座α星）

圈状星云Ⅰ

煤袋星云，巨型分子云

天鹅座α星

圈状星云Ⅲ

南十字座α星

古姆星云

水蛇座

太阳

老人星（船底座α星）

昴星团

参宿四（猎户座α星）

北极星（小熊座α星）

圈状星云Ⅱ

金牛暗星云

参宿七（猎户座β星）

巴纳德环是超新星遗迹，宽约300光年

猎户星云

马头星云

御夫座ε星

锥状星云

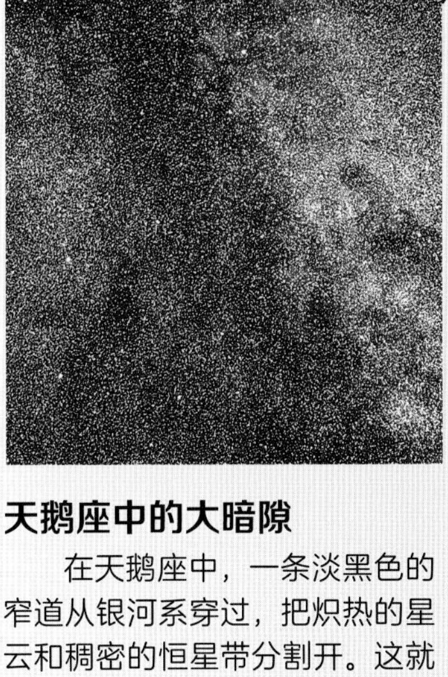

天鹅座中的大暗隙

在天鹅座中，一条淡黑色的窄道从银河系穿过，把炽热的星云和稠密的恒星带分割开。这就是银河大暗隙，由气体和尘埃构成的一片庞大的分子云。它非常浓厚，因而遮挡住来自后面恒星带的光。大暗隙内部有大量恒星正在形成。在上图中也可以看到，分子云边缘附近年轻炽热恒星的辐射产生发光的氢气巨浪。

螺旋星云

距离我们 500 光年的螺旋星云可以说是离地球最近的行星状星云。在它的中心，恒星正处于消亡前的垂死挣扎。它曾两次膨胀气体云的外层，使螺旋星云具有双环的形状。随着收缩成白矮星，炽热矮小的恒星发出的强烈辐射使它周围的气体发光。

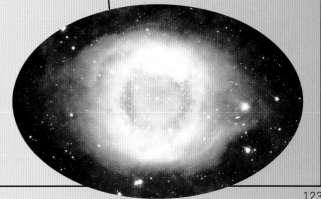

多样的星系

　　银河系外还有上千亿个星系，不同的星系中又聚集着数万亿颗恒星。许多星系具有巨大的螺旋结构，也有些星系有不同的形状。有一些大星系像巨大卵形的团，称为椭圆星系。有一些星系没有特定的形态，称为不规则星系。每个星系都是由引力聚集在一起的，目前天文学家对它们形态各异的成因还没有确切的解释。

星系研究的先驱

　　美国天文学家爱德文·哈勃于1919年开始研究星云的性质。1923年，他证实许多星云位于银河系之外，事实上是单独的星系。通过对来自这些遥远天体的光的分析，哈勃发现，距离我们越远的星系，离开我们的速度越快。这一重要发现，就是著名的哈勃定律，它确认宇宙正在膨胀。

爱德文·哈勃（1889—1953）

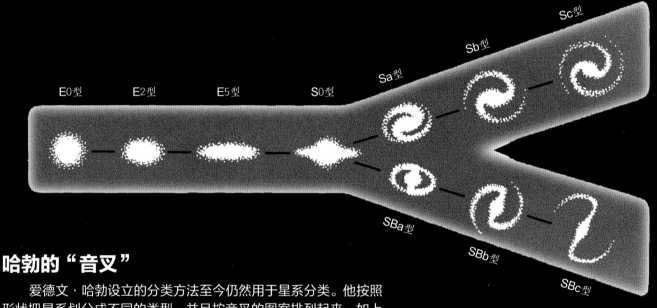

哈勃的"音叉"

　　爱德文·哈勃设立的分类方法至今仍然用于星系分类。他按照形状把星系划分成不同的类型，并且按音叉的图案排列起来，如上图所示。主要类型有椭圆星系、旋涡星系和不规则星系，后又加入透镜状星系表示形状介于椭圆星系和旋涡星系之间的星系。椭圆星系（E）按照它们的圆形或卵形的程度再细分为0到7的不同类型。旋涡星系又细分为正常旋涡星系（S）和棒旋星系（SB），并按照它们旋臂展开的程度再细分成a、b和c，c是展开程度最大的类型。

星系NGC 1365

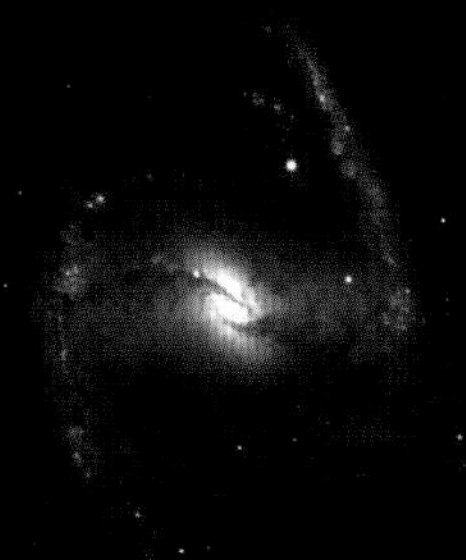

旋涡星系

　　旋涡星系是宇宙中最壮丽的天体之一。由老恒星构成的稠密球体位于星系的中心，周围运转着一个由年轻恒星、气体和尘埃构成的薄圆盘。大量恒星集中在向外弯曲伸出的旋臂上。我们可以从不同角度上看旋涡星系——从侧影到它们外观最美丽的正面照片。NGC4414星系（见左图）是一个尘埃构成的旋涡星系，在它的旋臂中大量的恒星正在形成。

星系NGC 4414

棒旋星系

　　半数以上的旋涡星系都有通过核的由恒星构成的短棒，它们就是棒旋星系，我们的银河系就是这样的棒旋星系。棒旋星系的旋臂从棒的末端向外弯曲伸出。星系NGC1365（见上图）就是一个美丽的棒旋星系，它在天炉星系团中。

星系NGC 4881

系的诞生

第一个星系可能是在大爆炸创生宇宙之后 10 亿年之内诞生的。气体云间的碰撞与合并产生了星系，此后这些气体云又分散到整个空间中。小星系通过相互碰撞产生大星系，这样的碰撞在"哈勃深场"图中可以看到。图中显示的星系便是 100 亿年前的产物。

138 ▶

"哈勃深场"中的遥远星系

椭圆星系

椭圆星系占目前已观测到的星系总数的一半以上。它们的形状是球或椭球形，没有弯曲旋臂的痕迹。椭圆星系含有少量气体和尘埃，因此在它们内部不会有很多新恒星形成。它们主要由老年恒星构成。最小的和最大的一些星系都是椭圆星系。星系 NGC 4881（见上图）是位于后发座边缘的一个巨大的椭圆星系。

M82星系

不规则星系

有些星系没有明确的形状，天文学家称它们为不规则星系（简称 Irr）。一般来说，不规则星系中有大量的气体和尘埃，会有大量恒星形成。星系M82（见左图）是大熊座中的一个不规则星系。

星系NGC 4038和星系NGC 4039

 家庭实验
旋涡星系

旋涡星系，由于内部的恒星都围绕中心运转，因此几十亿年来可以一直保持着自己的形状。在这个简易的实验中可以制造一个旋涡星系。准备杯子、咖啡、奶油、汤匙。该实验需要家长参与指导。

1. 请家长制作一杯黑咖啡，然后慢慢地把一汤匙奶油放进去，按相同方向不停地旋转搅动。

2. 奶油形成旋涡形状，很像一个旋涡星系。当旋涡旋转稳定时，停止搅动，观察旋涡是如何保持形状的。

碰撞过程

许多星系都处于相互碰撞的过程中。当它们碰撞时，就像一场巨大的天宫焰火表演。上图展示出两个旋涡星系的碰撞，或者说相互作用。星系中的巨型气体云相互碰撞，激发了大量恒星的诞生。在碰撞过程中，一些恒星被甩到太空中，留下明亮的气流。

活动星系

你可能以为大部分星系都是由几十亿颗发光恒星发出巨大能量的。其实，仅有十分之一的星系能够从自己的中心区域发出巨大的能量，这些星系的活动极其猛烈，被称为活动星系。它们以可见光或不可见辐射，如射电波或 X 射线的形式发射出它们的能量。按照与我们的距离以及面向我们的角度，活动星系可分为四个主要类型：射电星系、塞弗特星系、耀变体和类星体。在每个活动星系的中心都潜伏着一个大质量黑洞，这就是星系能量的来源。

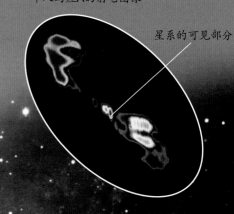

半人马座A的射电图像

星系的可见部分

星系中心被尘埃的窄带遮掩

半人马座 A

一条淡黑色的宽阔尘埃带，把半人马座中的星系 NGC 5128 从中部横向切开（见左图）。以半人马座 A 而著名的星系是宇宙中第三强的射电源，也是最早被人类发现的射电星系之一。距离地球只有 1 500 万光年，算是离我们最近的活动星系。它的中心是一个质量约为太阳质量上亿倍的庞大黑洞。半人马座 A 的射电图像（见右上角椭圆图）显示来自中心区域的辐射，辐射从星系中心向外延伸到数千光年。

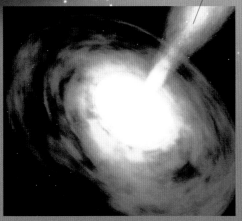

喷流从吸积盘的热核中脱出

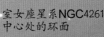

室女座星系NGC4261中心处的环面

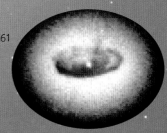

强力发动机

活动星系由巨大的能量驱动，这能量是物质进入黑洞时释放出来的。物质受黑洞超强引力的吸引，形成一个像油炸圈饼那样的环，人称环面。被吸入黑洞前的物质先展平自己，然后进入炽热并飞速旋转的吸积盘。吸积盘发射出 X 射线，喷射出气流和带电粒子。从地球上观察，能在不同的角度上看到环面、吸积盘和喷射流。

尘埃环面

这个活动星系中的气体和尘埃环面是由哈勃空间望远镜拍摄到的。它由围绕在中心黑洞的炽热吸积盘点燃。天文学家确信这个黑洞的质量大约是太阳的 12 亿倍。

射电星系

正像它的名字那样，这类星系在电磁波谱无线电波段的辐射最强。从边缘看环面时，气体和粒子的喷流从它的两边喷涌而出，膨胀成气泡状，快速移动，延伸达数千甚至数百万光年。

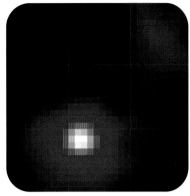

射电星系3C 296。红色是射电波，蓝色是可见光

从环面边缘看活动星系

耀变体

耀变体是类星体中具有高能量和变化特征的一类，特别明亮，在极其遥远的距离以外也能看到。它在朝着地球的方向上有物质喷流，就是说，圆环的正面对着地球，喷射点直接面向我们。喷射物质从吸积盘加速冲出，亮度也在快速变化。

耀变体3C 279，由强伽马射线绘制的图像

从正面看活动星系

塞弗特星系

塞弗特星系是中心有非常明亮光斑的旋涡星系棒旋星系，这是第一种被发现的活动星系。从某个角度观察环面，可以看到明亮的中心区域。塞弗特星系可能类似于类星体，因为中心的黑洞质量相当小，所以显得很暗淡。

塞弗特星系NGC 7742，核宽约3 000光年

从某个角度看活动星系

类星体

类星体与塞弗特星系十分相似，只不过核心活动比前者更为剧烈。它们看起来很像模糊不清的恒星，所以用类星体给它们命名。类星体是我们能看到的最遥远的天体，它们活力十足，发出射电波、X射线、红外线以及可见光。从某个角度上观察，我们能够看到类星体绚丽星系核的一部分。

类星体PG 1012+008的能量，图中为射电波图像

从某个角度看活动星系

家庭实验
类星体的亮度

类星体是宇宙中最明亮最遥远的天体之一。在本试验中，我们将遥远类星体的亮度与附近恒星相比较。请准备较亮的台灯（40至60瓦的灯泡）、袖珍手电筒。该实验需要家长协助。

1. 将"类星体"（台灯）放在桌面上，使灯泡直对着你。打开电源和"恒星"（手电筒）的开关。关闭室内灯光，在距离台灯3～4米处站好，让家长举起手电筒，灯光对准你。

2. 移动"恒星"，也就是向着你移动手电筒，直到它与"类星体"（台灯）一样亮。这个实验告诉我们，类星体距离极其遥远，必须非常明亮才能和近距离的恒星亮度相同。

银河系的近邻

宇宙中大部分星系都离我们极其遥远，但也有少数星系与我们相对比较近，能用肉眼看到。这些是银河系的近邻，在天空中看它们犹如一些雾蒙蒙的光斑。最靠近的两个，称为大麦哲伦云和小麦哲伦云，都在南半球天空。北半球天空也有一个，位于仙女座。令人惊奇的是，尽管它远在 220 万光年以外，我们却能清楚地看到它，这就是仙女星系，也是用肉眼在天空中能看到的最遥远的天体。

夜观星空
仙女星系

仙女星系很容易被发现，因为它大致位于北半球两个明显星座的中间点，这两个星座是 W 形的仙后座和正方形的飞马座。用肉眼可以看到它，但使用双筒望远镜效果更好。

卫星星系NGC205

仙女星系

仙女星系（M31）是本星系群中的最大旋涡星系，直径约有 16 万光年，大约相当于银河系的 1.5 倍，恒星数量是银河系的 2 倍多，可能多达 1 万亿颗恒星。我们只能从边缘看到仙女星系，不太容易辨认出它的旋涡结构。仙女星系与它的两个伙伴共同穿行于宇宙空间，它们是围绕仙女星系运转的卫星星系 M32 和 NGC205，都是小型椭圆星系。

卫星星系M32

麦哲伦云

麦哲伦云是以葡萄牙航海家费迪南德·麦哲伦的名字命名的，1519—1521 年，麦哲伦在南太平洋航行期间首次精确描述了它们。大麦哲伦云是离我们最近的大星系，约16 万光年（见右图），比小麦哲伦云近大约 3 万光年。大麦哲伦云的直径约 3 万光年，相当于小麦哲伦云直径的1.5 倍。大麦哲伦云主要由老年恒星组成，不过也有些区域含有年轻炽热的恒星以及可以形成恒星的星云，比如蜘蛛星云。

蜘蛛星云

蜘蛛星云是大麦哲伦云中最显赫的特征，它的外形类似蜘蛛。这幅哈勃空间望远镜拍摄的照片显示蜘蛛星云（见左图右侧底部）是由绚丽的大质量老年恒星构成的。其中有些已经爆炸成为超新星，炸出来的物质云散布到周围的空间。

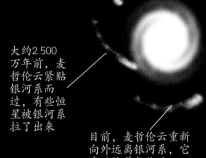

大约5 000万年前，麦哲伦云开始向银河系靠近

大约2 500万年前，麦哲伦云紧贴银河系而过，有些恒星被银河系拉了出来

目前，麦哲伦云重新向外远离银河系，它身后拖着气体流

轨道中的星云

大小麦哲伦云是银河系的卫星星系，它们围绕银河系运转一周需要15 亿年。有时，它们太靠近银河系了，结果受到银河系引力的拉扯分离。也许有一天银河系会将它们吞并。

夜观星空
麦哲伦云

大小麦哲伦云在南半球的天空中靠得相当近。从船底座最亮的 α 星向南看，很容易就能发现大麦哲伦云。小麦哲伦云可以在波江座最亮的 α 星南面找到。

星云MGC 604

三角座

明亮的 M33 星系位于三角座中，它与仙女星系是银河系近邻中仅有的两个旋涡星系棒旋星系，其余的都是椭圆星系或不规则星系。三角星系正面对着我们，所以我们能看到它大范围展开的旋臂。它的位置比仙女星系稍远，横跨尺度仅为仙女星系的1/4。通过天文望远镜，在它的旋臂中能看到许多星团和星云，最明亮的星云 NGC 604 是一个巨大的恒星形成区。

M33 中的恒星诞生区

这色彩绚丽的星云就是三角星系中的星云 NGC 604。在这个巨大的恒星苗圃中，数百颗年轻炽热的恒星发出强烈的紫外线辐射，照亮了周围的气体，发出绚丽的光辉。

星系团

银河系和它的近邻星系都属于更大的星系团，我们称这个包括银河系的星系团为本星系群。更遥远的星系也是聚集成团出现的，一些星系团只含有少量星系，而另一些可能含有数千个。星系团也会成群聚集，组成更大的超星系团。本星系群构成本超星系团的一部分，而本超星系团的中心位于巨大的室女星系团。

阿贝尔大星系团 Abell 2218

本星系群

银河系所在的星系团，即本星系群，含有超过 54 个成员。它们分布在跨度约 1000 万光年的空间区域中。仙女星系、银河系和 M33 是这个群体中最大的星系，仙女星系和 M33 是旋涡星系，银河系是棒旋星系，其余比较小的成员不是椭圆星系就是不规则星系。右下图显示本星系群的主要成员是如何在宇宙中分布的。银河系和仙女星系都有围绕自己的卫星星系。也许有一天，引力会把所有星系都吸引到一起，成为一个单一的超星系。

大星系团

在宇宙的其他区域，几百甚至几千个星系聚集在一起（如上图所示），组成大星系团。离我们最近的大星系团是约 5000 万光年之外的室女星系团。它是一个约有 2000 个星系的聚集体，这些星系分散在一个跨度约 1000 万光年的空间区域。距离我们 3 亿光年的是后发星系团，它含有比室女星系团多一倍的星系。大部分大星系团都有一个或多个位于中心的巨型椭圆星系，它们可能是通过长期吞并星系团中其他星系而增长变大的。

巨椭圆星系

出现在室女星系团中部的是 3 个巨椭圆星系——M84、M86 和 M87（如右图所示）。像许多巨椭圆星系一样，M87 是一个强射电源，属于射电星系，这是活动星系的一种类型。

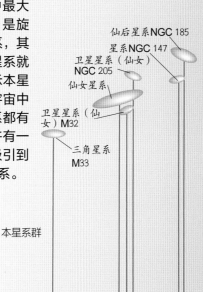

新生的恒星

矮星系

六分仪 A 星系（见上图）是本星系群大约 10 个不规则矮星系中的一个。它的跨度仅有几千光年。星系中还有更小的成员，椭圆矮星系是质量和个头都很小的星系，它们中有些跨度仅 500 光年。这些极小的星系可能含有不到 100 万颗恒星，也不能发出很明亮的光。

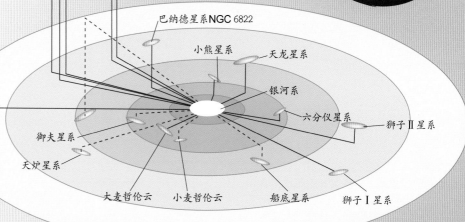

仙后星系 NGC 185
星系 NGC 147
卫星星系（仙女）NGC 205
仙女星系
卫星星系（仙女）M32
三角星系 M33
本星系群

巴纳德星系 NGC 6822
小熊星系
天龙星系
银河系
六分仪星系
狮子 Ⅱ 星系
御夫星系
天炉星系
大麦哲伦云
小麦哲伦云
船底星系
狮子 Ⅰ 星系

填充料

星系团充满大量炽热的气体，可以通过它们发出的 X 射线探测到。它们的温度可高达 1 亿摄氏度。X 射线图像（见右图）展示半人马星系团中奇异的气体羽状物。

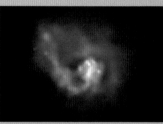

半人马星系团X射线图像

本超星系团

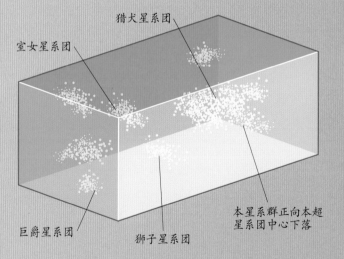

猎犬星系团

室女星系团

巨爵星系团

狮子星系团

本星系群正向本超星系团中心下落

超星系团

本星系群和室女座、巨爵座、狮子座、猎犬座中的星系团都被引力连接起来，形成我们的本超星系团。本超星系团的跨度超过 5 亿光年。天文学家目前知道的还有约 50 个形状各异的其他超星系团。有些超星系团中，星系排成长长的一列，就像拉起的横幅，而另一些超星系团的星系却形成薄板形结构。

家庭实验

创造星系团

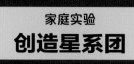

星系不均匀地分布在整个宇宙间。它们聚集成团，构成一幅随意的不规则图案。在本实验中，我们能看到物质是如何自然地聚集成团的。请准备旧报纸、大张深色卡片纸、粗食盐。

1. 用旧报纸覆盖桌面，把深色卡片纸放在桌上。用手捧一把粗食盐，举到卡片纸上方约 1 米处，慢慢把盐撒在卡片纸上。然后再照此方法撒一次到两次。

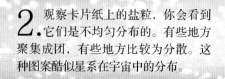

盐粒在卡片纸上成团分布

2. 观察卡片纸上的盐粒，你会看到它们是不均匀分布的。有些地方聚集成团，有些地方比较分散。这种图案酷似星系在宇宙中的分布。

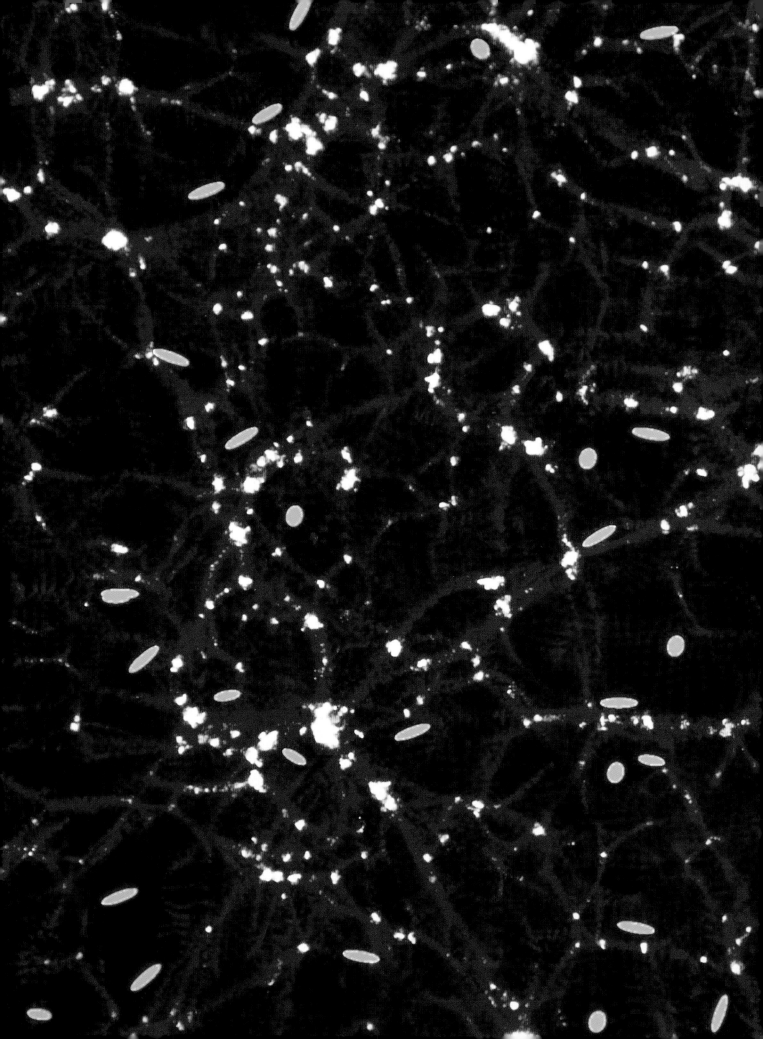

神秘的宇宙

图片：
这幅电脑制作的模型图显示出在遥远星系（蓝色）之间不可见的暗物质（红色）的分布

宇宙的形状

宇宙中最大的结构是星系团和超星系团，它们的跨度可达数百万至数亿光年。然而宇宙本身远比它们要大得多，即使在未来我们也绝不可能看到它的全部。有关宇宙的本质、起源以及消亡的研究称为宇宙学，它涉及一些最不可思议的科学观念。关于宇宙的许多问题自古以来一直让人类感到迷惑不解。宇宙有无起源？它将会毁灭还是永恒存在？我们的宇宙是唯一的，还是有许多其他宇宙？现代科学家运用颇具独创性的理论着手回答其中的一些问题。

起源

目前大部分天文学家认为宇宙起源于大约140亿年前的一次大爆炸，最有力的依据是宇宙至今依然向所有方向迅速膨胀着。无论我们朝宇宙空间的哪个方向观察，都能发现正在急速远离我们的星系。更进一步的依据是天文学家探测到大爆炸遗留下来的残留物，那些已经变冷的辐射，至今仍然能把宇宙加热到大约绝对温标3度（零下270摄氏度）。在那一瞬间，大爆炸创造了宇宙，创造了宇宙间的一切物质和时间本身。追问大爆炸以前的状况是没有实际意义的，因为那时既不存在空间也不存在时间。

宇宙大爆炸后一秒钟的初始时段，宇宙应该是一个炽热和致密的极小的点，当下物理学的标准定律无法解释所发生的一切

万事的相对性

古人看着日月星辰的变化，误以为它们都是围着地球转的。古希腊学者因此提出了"地心说"，认为地球是宇宙的中心。如今虽然"地心说"早已被否定，但新观察发现宇宙中的一切物体都在离我们远去，这依然使人认为我们的位置有些特别。但按照爱因斯坦创立的相对性原理，对宇宙中任何地方的任何观察者来说，宇宙都是相同的。也就是说，宇宙没有中心，也没有可观察到的边缘。相对论表明：宇宙空间整体都在膨胀，整个宇宙中的一切天体都在移动着远离其他天体，犹如在发酵中胀起的面包表面的葡萄干。

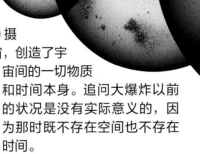

把宇宙想象成一个膨胀气球的表面，是理解宇宙的最好方式

回顾时光

光以固定的速度运行，我们看到的那些天体的光，必定是在数十亿年甚至上百亿年前就离开了遥远的星系，现在才传到我们眼里。我们看到的宇宙空间越深远，说明我们回顾的时光越久远。

这就是为什么我们今天能够看到宇宙中距离我们非常遥远的天体，比如类星体的原因。因为我们看到的是年轻时的它们，那时的它们比现在要活跃得多。而在140亿光年以外，我们的宇宙被包围在一道不可见的墙之中，比它更遥远的天体我们是看不到的，因为自从大爆炸以来它们的光还没有足够的时间到达地球。

约公元前150年
托勒密在他的《天文学大成》中对地心说宇宙的古典天文学进行了详细描述。

1543年
N.哥白尼提出宇宙是以太阳为中心而不是地球。

1609年
伽利略的观测结果以及约翰尼斯·开普勒的精确计算证实了哥白尼的日心说。

1785年
弗里德里希·威廉·赫歇尔绘制第一幅银河系结构图，当时银河系被认为就是整个宇宙。

1887年
迈克尔逊-莫雷实验证明光的速度是不变的。

1905年
爱因斯坦发表狭义相对论。

1915年
爱因斯坦发表广义相对论。

年表

空间与时间

　　围绕我们140亿光年的空间膨胀着的球体，是我们可观测宇宙的边界，但这远远不是整个宇宙。假如140亿光年外一颗行星上也有天文学家，那他们会有自己的可观测宇宙，尺度和我们的宇宙相同。除非人类能以某种方法找到穿越空间与时间的捷径，否则我们将永远不可能跨越如此遥远的距离。有些科学家推测，在宇宙的遥远区域之间经过黑洞可能会有快捷的路径相通，但在这些成为现实之前，它们只能是科幻小说的素材。

　　空间与时间（时空）提供了宇宙形状的线索。按照爱因斯坦的理论，两者是紧密关联的，它们都能被大质量物体的引力所扭曲，因此，宇宙学中一个具有决定性的问题是，宇宙含有多大的质量。足够的质量和引力将会使时空弯曲，弯到围绕自身成一圈，成为一个"封闭"的宇宙。而质量太小，时空将不会弯曲，此时的宇宙以可说是开放的或"平坦的"。

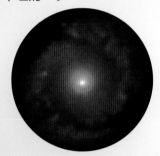

NGC 1097棒旋星系离我们6 500万光年。现在我们看到的是它在地球恐龙灭绝时期的样子

宇宙的命运

　　时空的形状与宇宙的最终命运息息相关。一个气泡状封闭的宇宙表明，它所含的全部质量的引力最终将使膨胀变慢并且停下来。然后宇宙开始收缩，最终产生爆聚，在"大挤压"中消失。而开放平坦的宇宙，不具备足够的引力停止膨胀，所以宇宙将保持永恒的增长。

　　数十年来，天文学家一直致力于测量宇宙的质量，包括可视物质及神秘的暗物质的质量。暗物质根本看不到，我们知道它存在，是因为星系的实际质量远大于按它们的发光恒星和气体计算出来的质量。看来宇宙好像总是处在"大挤压"与永远膨胀的边界线上。

　　1999年，关于宇宙的研究有了新进展。天文学家发现，如果宇宙目前的增长率是自古不变的，那么大部分遥远星系的实际位置比它们应该在的位置要远得多。这就是说，宇宙的膨胀是加速的。空间本身似乎在延伸，延伸的动力来自于目前我们仍然知之甚少的某种暗能量，因此，我们现在对宇宙的认识是，它确实是平坦的并且将永远膨胀下去，直到最后一颗恒星燃尽，然后变成一片寒冷和黑暗。

这里看到的可见星系可能含有大量的暗物质，因为可见星系没有足够强大的引力容纳它们之间的炽热气体（这幅X射线图中的粉红色区域）

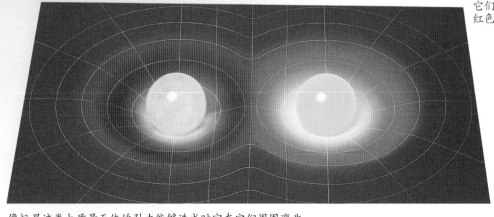

像恒星这类大质量天体的引力能够造成时空在它们周围弯曲

1929年
爱德文·哈勃测量遥远星系的退行运动，证明宇宙在膨胀。

1931年
乔治·勒梅特提出宇宙起源于一个"大爆炸"。

1948年
乔治·伽莫夫说明元素在"大爆炸"中如何形成。

1965年
宇宙微波背景辐射的发现使大爆炸理论得到证实。

1979年
阿兰·古斯引入"宇宙暴胀"说改进大爆炸理论。

1999年
哈勃空间望远镜确定宇宙的年龄大约为140亿年。

2015年
人类探测到首个引力波信号，爱因斯坦广义相对论预言得到证实。

时空与相对论

一切事物都是相对的。这是爱因斯坦 1905 年提出的见解。爱因斯坦打破了以前人们认为的时间与空间是绝对不变的观点，转变了人们观察宇宙的方式。他论证了空间与时间是相对的，对不同速度运动的人来说，它们的表现也不同。爱因斯坦还提出，时间与空间相互作用，形成一个四维"时空"，时空会因物质存在而弯曲。他在狭义和广义相对论中发表了具有革命性的观念。

阿尔伯特·爱因斯坦

阿尔伯特·爱因斯坦（1879—1955）的相对论颠覆了人类的时空观和宇宙观。相对论指出，没有什么能超过真空中的光速，光速始终是不变的。一个物体的运动速度接近光速时，它的质量将会急剧增大。他还发现质量与能量的关系，在已成为世界最著名的等式中，爱因斯坦阐明，能量（E）等于质量（m）乘以光速（c）的平方，即 $E=mc^2$。

广义相对论

按照爱因斯坦的理论，时间和空间是紧密相关的。这个"时空"是有形状的，它可以被恒星这类大质量物体的引力弯曲。以一个二维平面为例，你可以把空间想象成一张橡胶膜，中间放了一个保龄球。保龄球质量相对比较大，它使橡胶膜出现弯曲或凹痕。这时你向保龄球附近弹出一个弹球，滚动的弹球通过保龄球身边时不会沿直线运动，而会绕过球边的凹面通过。行星以与此相同的方式围绕太阳运转，然而，这个例子并未显示出对时间的影响。由于空间与时间是相互制约的，因此球不仅弯曲了空间，也弯曲了时间。

恒星的位置　恒星的视位置

相对论的验证

1919 年，时空弯曲的理论得到了证实。在一次日全食期间，英国天文学家观察到被太阳遮挡住的恒星星光出现了偏转。按照牛顿的理论，光没有质量，不应受引力的影响。而爱因斯坦的解释是光的路径被太阳的引力弯曲了。就像从地球上观察到的那样，恒星的视位置出现了移动（左边示意图）。

大质量的物体例如恒星，弯曲它周围的时空，形成引力井

经过它身边的物体，例如行星，被弯曲的时空不断偏转着运动方向，围绕恒星的引力井运动

从地球上的观察点看，航天飞机出现收缩，同时它的钟表好像变慢

图A

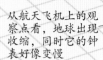

图B

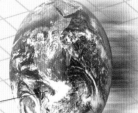

从航天飞机上的观察点看，地球出现收缩，同时它的钟表好像变慢

若不考虑各自的相对运动，物理学的定律给航天飞机上全体人员的感觉与它们给地球上人的感觉是相同的

狭义相对论

　　狭义相对论包括有关空间与时间在极高速运动中的一些奇异的表现方式。在此例中，航天飞机以接近光速的速度从地球上空经过。在地球人看来，航天飞机上的时间好像变慢了，它的质量增加，长度缩短（见图A）。然而，对航天飞机上的人来说飞机上什么事情也没有改变，出现收缩的是地球的形状，变慢的也是地球上的钟表（见图B）。物理学定律在航天飞机上与在地球上是相同的，只不过它们的观察对象是相对的。不变的光速意味着你不可能说出哪个观点是正确的。

膨胀的宇宙

　　相对论的推断是，宇宙或膨胀或因自身引力而收缩，二者必居其一。20世纪初，所有人，包括爱因斯坦本人在内，都认为宇宙是永恒的。进入20世纪20年代，科学家证明宇宙处于膨胀中，这就产生了对于宇宙起源的新认识。宇宙并非永恒不变，可以肯定原本的宇宙曾经浓缩在空间与时间中一个极小的点，并从这一点爆炸膨胀。

本超星系团的膨胀

7 500万光年

30亿年以前

星系团之间比现在近15%

1亿光年

现在

1.15亿光年

20亿年之后

星系团之间将比现在远15%

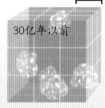

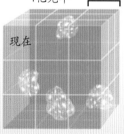

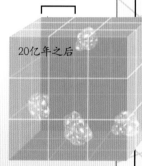

家庭实验
宇宙的膨胀

　　尽管星系向我们周围的各个方向退行，但我们不是宇宙的中心，而是运动中的一员。这可以用用面团和葡萄干的简单实验来说明。请准备和面用的大碗、5汤匙面粉、一汤匙干酵母、水和葡萄干。

1. 把面粉放入大碗中，添加酵母和两汤匙温水，和成面团。然后在一个干燥的面板上撒少量面粉，把面团放在上面揉成形，把葡萄干按在面团表面上。

2. 当酵母与面粉发生反应时，面团膨胀起来。你会看到葡萄干相互间越离越远，犹如正在膨胀的宇宙中的星系。

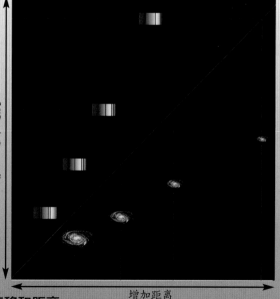

纵轴：增加红移和速度
横轴：增加距离

红移和距离

　　来自遥远星系的光出现红移，说明宇宙在膨胀。红移即多普勒频移，是由离开我们向远方移动的天体的光在光谱中向红色一端的挪移（参见第98页）。红移越多，说明天体离我们远去的速度越快。如果一个星系距离我们比另一个星系远两倍，那么它的红移也是另一个星系的两倍。这说明红移本身也可以用来测量距离。

137

大爆炸

　　当宇宙开始的那一瞬间就是通称的大爆炸。大约 140 亿年前，空间和时间诞生于一个极小极浓密的点中，这个点比原子还小，却近乎无限的炽热和浓密。几亿亿分之一秒后，初期的宇宙发生了不可想象的剧烈爆炸，开始膨胀成火球。火球含有如此浓缩的能量，使得物质开始自发地出现。因此追问大爆炸发生在何处或大爆炸以前如何如何都是毫无意义的。由于空间不存在，因此不会有"何处"；由于时间尚未开始，因此也不会有"以前"。

基本力的释放激发宇宙突然暴胀，在1×10^{-30}秒内尺度增长了1×10^{25}倍

原初

　　科学家无法解答是什么激发了大爆炸，也许这类问题会成为永恒的谜。我们可以运用物理学定律返回到大爆炸后一秒的更小瞬间，去寻找宇宙历史的踪迹。但这些定律不适用于宇宙创生那一瞬间存在的极端条件。第一瞬间后的几万亿分之一秒时，温度降到 1 亿亿摄氏度，能量已转变成物质的粒子。这也正是后来形成恒星、行星以及星系的材料。

宇宙创生的证据

　　20 世纪 60 年代初，美国物理学家阿诺·彭齐亚斯和罗伯特·伍德罗·威尔逊在测试高灵敏度新天线系统时，发现了一些微弱的噪声，明显是来自整个天空的。在排除了一切可能的干扰，例如是否设计错误，或者是否天线上鸽子粪便的影响后，他们意识到，这竟然是大爆炸遗留的痕迹。后来，这微弱的射电噪声被称为宇宙微波背景辐射。

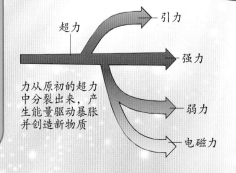

力从原初的超力中分裂出来，产生能量驱动暴胀并创造新物质

超力　引力　强力　弱力　电磁力

基本力

　　四种基本力——电磁力、引力以及两种核力（参见第 12 页），在大爆炸中由单一的超力形成。随着温度下降，它们分离，释放出巨大的能量，使得宇宙超光速膨胀。在不足一秒的时间里，宇宙从比笔尖还小增长到大如星系的尺度。

粒子汤

宇宙中一切物质都是在大爆炸最初几秒里创造出来的，原始的能量转化成为种类繁多的粒子。当时的状态应该很像粒子加速器（见上图）中那样，粒子四处旋离，相互碰撞、碎裂。随着温度的下降，这些粒子中仅有一些幸存下来构成物质。

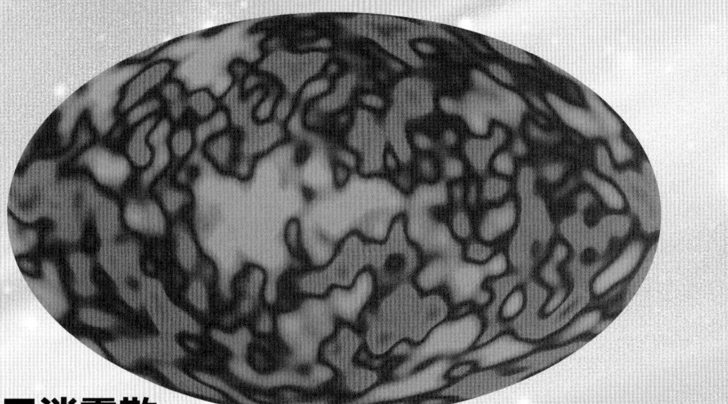

云消雾散

婴儿期的宇宙暗不透光，犹如浓雾迷漫。由于粒子过于稠密地挤压着，光只能在它们之间来回弹跳。大约经历 30 万年，温度下降到足够低，原子开始形成并保持稳定。宇宙中的大部分粒子被吸收进入原子，空间突然变得透明，此事件称为"退耦"。来自这个时期的辐射是宇宙中最早期的，也是我们能够看到的最遥远的东西。宇宙背景探测者卫星COBE 绘制的这幅宇宙图，显示出一些极小的三重星系。

在浓密的气体云（天体图中的蓝色）之间

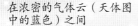

低密度的区域（紫色）膨胀成空洞

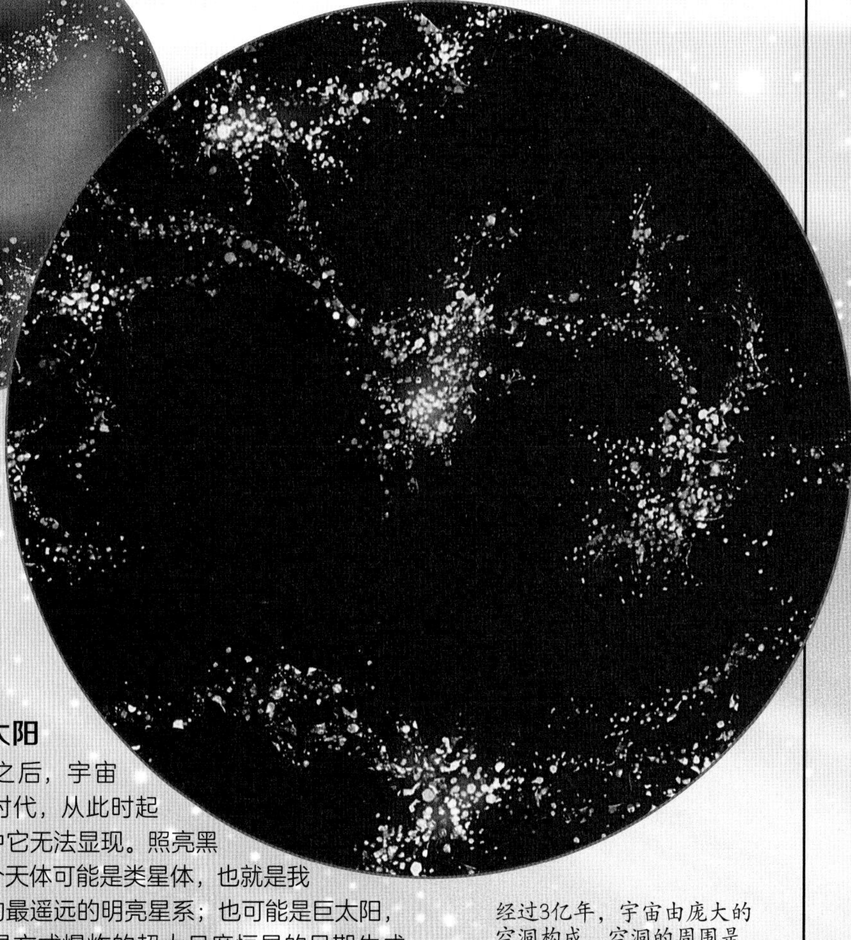

初期的结构

宇宙怎么会从一团物质的浓雾转化成今天我们所见到的星系？COBE 宇宙图中的三重星系表明，星系结构早在宇宙初期就已经产生了。蓝色斑纹标记的区域更浓密一些，粉红色区域更空一些。又过了大约 3 亿年，筑造星系的材料在较浓的范围内集中，形成里面有庞大空洞的窄长暗条，暗条中的气体浓缩形成星系团和超星系团。

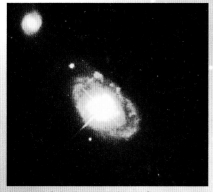

类星体是年轻的活动星系那明亮而微小的核

类星体和巨太阳

"退耦"之后，宇宙进入一个黑暗时代，从此时起的数百万年之中它无法显现。照亮黑暗宇宙的第一个天体可能是类星体，也就是我们今天能看到的最遥远的明亮星系；也可能是巨太阳，也就是以超新星方式爆炸的超大尺度恒星的早期生成物。正是它们把较重的元素分散到整个宇宙，促进了星系的形成。

经过3亿年，宇宙由庞大的空洞构成，空洞的周围是浓密气体的暗条，气体聚集起来成为星系

暗物质

宇宙中总共有多少物质？这个问题的答案对我们了解宇宙的过去、现在以及将来是非常重要的。天文学家确信，宇宙物质总量中只有很小一部分能够通过天文望远镜观测到，其余的是由看不见的暗物质构成的，只能通过它们对空间已知天体产生的影响来探测。暗物质的数量决定宇宙未来的命运，是继续膨胀，还是最终收缩？

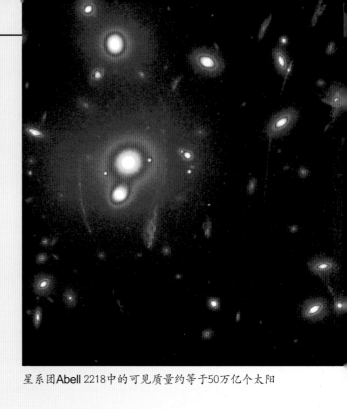

星系团Abell 2218中的可见质量约等于50万亿个太阳

什么是暗物质？

大爆炸创造的物质远比目前宇宙中所见到的要多得多，也就是说，还有一种暗物质在整个宇宙中普遍存在。因为看不见，它们存在的唯一线索只能来自可见的物质。有一些星系团，例如右图所示的后发星系团，看起来好像有一种非常强大的牵引力，这种牵引力仅靠星系里可见的恒星和气体是不可能产生的，其中必定还存在更大的物质，这就是暗物质。

MACHO 和 WIMP

天文学家有一些关于暗物质可能是什么的设想，其中包括晕族大质量致密天体（MACHO）、弱相互作用大质量粒子（WIMP）以及MACHO理论涉及的暗天体绕星系周围运转的晕。它们当中可能包括燃尽的恒星、褐矮星和黑洞。MACHO含有稠密挤压的物质，因此它们的引力能够弯曲星光，造成引力透镜现象。科学家目前还致力于证明WIMP的存在。他们确信，WIMP是比原子更小的亚原子，却有着巨大的质量，宇宙中可能会有大量WIMP，构成了暗物质的大部分。

当大质量天体位于微弱发光、更遥远的可见天体前面时，便会出现引力透镜现象，使可见天体的影像变形或增亮。之所以会出现这种现象，是因为较近天体的引力把较远天体的光弯曲并集中。本实验可以表明引力透镜如何产生效应。请家长协助准备带烛台的蜡烛、胶水瓶、干净饮料瓶。该实验需要家长参与指导。

家庭实验
引力透镜

1. 请家长点燃蜡烛，把胶水瓶（或形状类似的物品）放在蜡烛前面，完全遮挡住烛光。

2. 用水装满饮料瓶，把它立在胶水瓶前面，透过它来观察。饮料瓶显示出引力透镜效应。它使蜡烛的光产生弯曲，于是你看到了蜡烛变形的影像。

蜡烛代表可见天体，胶水瓶代表暗天体，饮料瓶相当于引力透镜的作用

当暗天体（胶水瓶）在可见天体（蜡烛）前面时，它的引力会使可见天体的影像扭曲，还可能增亮影像

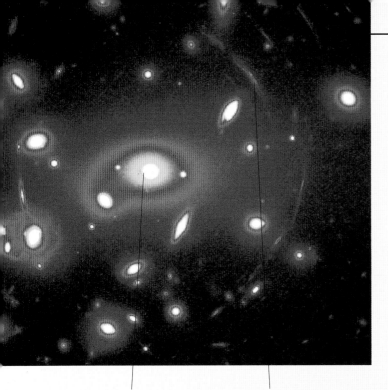

日本超级神冈中微子探测器

星系团Abell 2218中的明亮星系，距离我们约30亿光年

距离我们约100亿光年星系的变形影像

中微子

宇宙中有巨大数量的中微子存在，它们是由太阳和其他恒星产生的。中微子质量非常小又不带电，因此只能被高灵敏度的仪器探测到，如上图所示。这是一种设在地下巨大水槽中的特殊探测器。天文学家曾一度认为中微子质量为零，但最新发现表明它具有极小的质量，因此中微子至少在暗物质中占有一定的比例。

宇宙的密度

按照爱因斯坦的相对论，巨大的质量能够扭曲时空。可见物质的数量可以测算出来，因此能够决定宇宙形状和命运的是暗物质的数量。目前科学家已经发现另外一种能量——暗能量，正在加速宇宙膨胀，很可能还迫使宇宙空间向相反的方向弯曲。暗物质与暗能量的精确平衡将决定宇宙弯曲的形状。科学家测量表明我们的宇宙是平坦的。

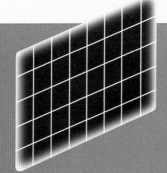

平坦空间
暗物质与暗能量准确平衡，引起宇宙弯曲的力相互抵消，宇宙将保持完全的平面。

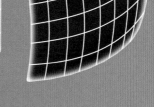

正曲率空间
如果暗物质数量巨大，足以超过暗能量的作用，宇宙将围绕自己弯曲，最终封闭起来，气泡状的宇宙可能停止膨胀。

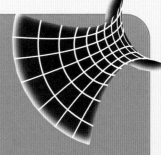

负曲率空间
如果暗物质不足以对抗暗能量的作用，那么拉伸的力将使宇宙向外弯曲，生成一个无限的马鞍形的空间。

开放或封闭？

大爆炸以后，宇宙一直处于膨胀之中（参见第138页）。但如果宇宙的总质量足够大，那么引力最终会使膨胀变慢，形成一个封闭的宇宙，甚至有可能使它最终在"大挤压"中坍缩。有些科学家确信，暗能量的存在表明它将是持续无限定的膨胀的开放宇宙，最终以空间缓慢变空的方式消亡。另一些科学家则相信，暗能量的力量会随着宇宙老化而衰退，因此宇宙将最终被几万亿年以后的另一次大爆炸所代替。

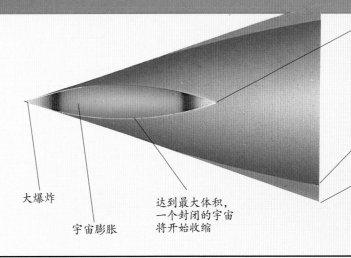

如果宇宙是封闭的，那么它可能在一个"大挤压"中结束

如果宇宙是开放的，那么它可能继续以较慢的速度膨胀

另一种结局是，宇宙可能以相同的速度永远膨胀下去

大爆炸

宇宙膨胀

达到最大体积，一个封闭的宇宙将开始收缩

时空旅行

尽管人类已经能够离开地球，甚至在太空漫游，但迄今为止人类所达到的距离还没有超出月球。在 21 世纪或更晚一些，我们甚至连太阳系的边缘也未必能达到。然而，终有一天人类会去进行星际旅行，向银河系的其他天体进军。如今，火箭还不具备足够的力量推动我们跨越如此遥远的距离，因此必须建造全新方式的推进器。有些物理学家甚至预言宇宙中有称为"虫洞"的捷径，它能连通时空中的不同区域。

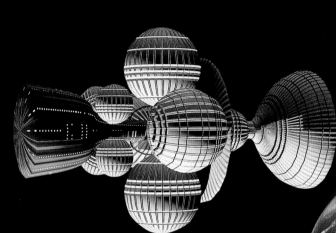

"代达罗斯"是人类设想的无人太空船，用50年时间就可以到达邻近恒星

恒星旅行

即使用速度最快的火箭推进器，宇宙飞船也必须用上万年的时间才能到达最近的恒星。这是因为一旦火箭的燃料耗尽，便不能继续加速。而达到必需的速度才能使恒星旅行成为现实，因此我们需要极为强劲的推进器，要求它具备给宇宙飞船持续多年的加速能力。"代达罗斯"计划（见上图）是设想在一个磁场构筑的"燃烧室"中，向小燃料球发射电子束，以产生离子来作为宇宙飞船的推进剂，它能够达到 1/10 的光速。

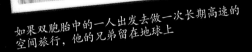

如果双胞胎中的一人出发去做一次长期高速的空间旅行，他的兄弟留在地球上

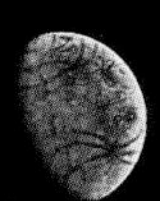

可供选择的推进器

离子发动机使用太阳能电池把气体燃料的原子分裂开，这样可以使宇宙飞船达到非常高的速度。太阳帆（见左图）根本不需要燃料，它们是庞大的膜状体，由太阳和其他恒星吹出的等离子体带电粒子流驱动。这两种推动方式都有助于宇宙飞船达到与光速相比拟的速度。

时间旅行

登上接近光速飞行的宇宙飞船的人会感受到相对论的惊人结论——时间膨胀。在宇宙飞船外的人看来，飞船的时间会慢下来（参见第 17 页）。假如一艘宇宙飞船去做一次 50 个地球年的旅行，对飞船上的乘员来说可能时间仅仅过去了 5 年，而对地球人来说，却是长达半个世纪的漫长时间。地球上的时间会继续按平常的节奏进行，而当乘员返回时就会发生如上面插图所示的"双生子佯谬"。

一般宇宙飞船通过"虫洞"航行，这是穿越时空的最快路径

穿越空间的捷径

虫洞是科学家假想的宇宙中可能存在的连接两个不同时空的狭窄隧道。从外部看，虫洞可能很像黑洞，不同的是，虫洞会在空间的另外一个区域重新敞开，而不像黑洞那样引导物质进入一个奇点（参见第 115 页）。有些天文学家认为，时空结构本身可能就是由极小的虫洞构成的。如果一个虫洞能变得足够大，那么就可能把它作为穿越宇宙的捷径。进入这种虫洞的另一端马上又可以高速返回到它的起点，再利用"时间膨胀"的优势，这样虫洞就有可能成为时间机器。

当航天员返回时，他的相貌没有太大变化，而他的孪生兄弟却已经变老，尽管两人是同一时刻出生的

基普·索恩和虫洞理论

基普·索恩
（1940- ）

用虫洞作为跨越时空的捷径是由基普·索恩首先提出的。索恩是一位理论物理学家，他最初考虑到这种假说是应他的朋友行星科学家卡尔·萨根的请求。卡尔·萨根当时正在创作科幻小说《接触》。他需要一种方法，使小说的女主人公在不违背物理学定律的情况下，跨越 25 光年到达织女星。虽然索恩的虫洞理论被用在科幻作品中，但这种理论也有被证实的可能。

祖父的佯谬

你在回到过去的旅行中，在你的祖父还不认识你的祖母之前，意外地杀死了你的祖父——这个老科幻电影的情节显示出一件令人惊奇的怪事。回到过去的旅行会违反因果关系的基本准则。如果你的父亲根本不存在，你怎么可能存在？又怎么可能回到过去杀死你的祖父？理论物理学家斯蒂芬·霍金提出一个"年代顺序保护原则"，原则规定，物理学定律不允许建造像虫洞这类的时间机器。霍金指出，自然力可能会对此形成阻碍，防止时间机器回到它未被建造之前的时间里。

在时间旅行的经典影片《回到未来》中，马蒂·麦克弗莱在回到20世纪50年代的旅行中，差一点阻止了他父母的约会

宇宙中有没有其他智慧生命？

地球是目前已知能维持生命的唯一天体，然而，现在每年都有围绕太阳系以外恒星运转的新行星被发现。智能生命在这些行星上进化的可能性如何？尽管大部分科学家不相信 UFO（不明飞行物）是访问地球的外星人飞船，但人类依然开启了 SETI（地外智慧生命搜寻）的科学研究。射电天文望远镜正在不停地监视我们的天空以探测来自深空的智慧信号。

星系中有多少颗恒星具有适当质量，可以为自己系统内的行星产生和维持生命提供能量，并能在自己演化的若干亿年中维持稳定？

这些恒星中有多少具有围绕自己的稳定的行星体系？

这些行星体系所含的天体中有多少个具有适宜生命进化的条件？

在多少颗这样的行星上生命已经开始并得以延续？

在多少颗这样的行星上已经出现智能生命，并且进化到能够相互交往的阶段？

具有智能生命的行星中有多少颗已经掌握了星际交往的技术？

有多少先进文明可能被自然或人为的灾难毁灭？

生命的可能性

以美国射电天文学家法兰克·德雷克的名字命名的德雷克方程式，是计算银河系中其他区域存在智能生命可能性的一种方法。方程式中的每一项（类似于上面那些问题）数值都极小，更别提它们的乘积了。不幸的是，能全部符合条件的行星只有我们地球一个。结果是，乐观的天文学家预言在我们银河系中有上百万个文明天体，而悲观者却说，即使我们的地球也只是一个侥幸者！

寻找其他的地球

到目前为止已经有上千颗围绕其他恒星运转的行星被发现。随着人类探测太阳系外行星方法的不断改进，比如计算出它们的轨道，分析它们大气层的化学成分，我们将能逐渐缩小德雷克方程式中所含因素的范围。上面的美术画描绘的是围绕牧夫座一颗恒星运转的蓝色天体——已测定出颜色的一颗太阳系外行星。

外星人的样子

假如有外星人，它们会长什么样？在影视作品中，外星人似乎永远就是那种"小绿人"模样，这其实是非常靠不住的。地球上的生命都进化出几百万个不同的物种，如果有外星生物，难道它们不进化吗？我们能说的是，在外星天空中飞的和水中居住的动物，也有可能拥有和地球上的动物具有大致相同的形状或者相同功能器官的外星人，但是没有人知道外星到底是什么样子的。我们只能说，一个有生命的星球，它上面的生命形态一定符合那个星球的环境。

多年来，SETI 天文学家们全神贯注在仅有的几个波长上，因为它们与地球的广播信号交织在一起。现在搜寻工作已经被互联网彻底改革，数百万人正在协助解析来自空间的射电信号。你也可以参与，请准备与互联网连接的电脑。

1. 在 http://setiathome.berkeley.edu 访问 SETI @ Home 网页，下载并安装该科研软件。在 SETI @ Home 中详查无线电通信数据包，寻找可能的信号。当你的电脑处理器能力有富余时，你可以配置它去运行。

2. 一旦 SETI @ Home 已解析一个数据包，它便重新接通网站，将结果回送给 SETI 科学家去检查，然后下载一批新数据。

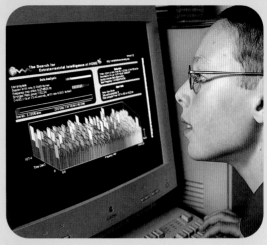

SETI@Home能够在你停止使用电脑时，通过启动屏幕保护程序向你显示它的进展情况。

等着听外星人的声音

从 20 世纪 60 年代以来，天文学家一直在搜寻外星文明发出的无线电信号。然而，由于不能确定信号的波长，让这种搜寻犹如大海捞针。发射无线电信号是外星人证明他们存在的方式，因为射电波能够传播非常远的距离。通过一些世界大型射电天文望远镜，天文学家也已经向遥远的星团发送了有关地球各种信息的信号。

这是设在美国西弗吉尼亚州绿堤具有43米直径圆盘天线的射电天文望远镜，它是几个用于SETI科研项目的大型设备之一

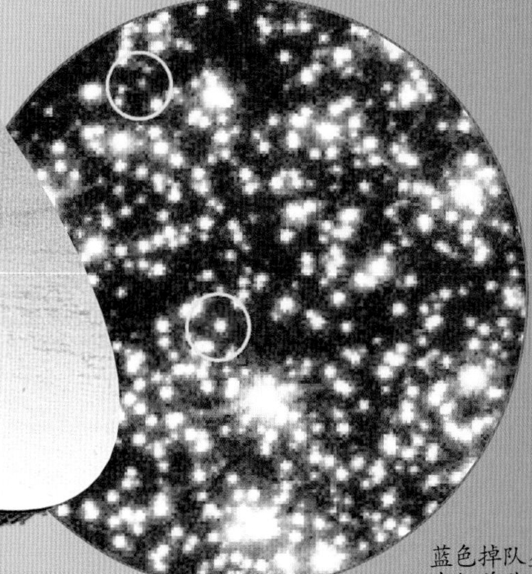

蓝色掉队星（图中标着黄圈的）也称蓝离散星

外星人的痕迹

人类使用射电天文望远镜的目的之一是收听来自空间的人为信号。有些科学家认为我们还应该搜寻外星生命的其他信号，包括那些来自更加先进文明的信号。这类信号可能会来自某些看似违背了现行恒星演化标准的恒星，例如这个球状星团中的蓝色掉队星，它们是老年双星碰撞后合并而成的。有些天文学家猜测，蓝色掉队星也许是被人为延长寿命的，是准备创造新能源的外星人故意使两颗老年恒星合并成新恒星的。

空间数据

太阳系常用数据表

	直径/千米	质量（地球=1）	地表引力（地球=1）	表面平均温度/℃	日长度/小时	年长度/地球日	到太阳的平均距离/百万千米	绕太阳运行平均速度/（千米/秒）	黄赤交角/度	已知卫星颗数/颗
太阳	1 392 000	332 950	28.0	5 500	—	—	—	—	—	—
水星	4 879	0.055	0.38	167	4 223	88	58	48	0.01	0
金星	12 103.6	0.82	0.91	464	2 802	225	108	35	177	0
地球	12 756	1	1	15	24	365	150	30	23	1
火星	6 794	0.11	0.38	−65	25	687	228	24	25	2
木星	142 984	318	2.36	−110	10	4 331	779	13	3	79
土星	120 536	95.2	0.92	−140	11	10 747	1 434	10	27	62
天王星	51 118	14.5	0.89	−195	17	30 589	2 873	7	98	27
海王星	49 528	17.1	1.12	−200	16	59 800	4 496	5	28	14

最亮恒星表

恒 星	所在星座	与地球的距离/光年*
太阳	—	0.000 015 8
天狼星	大犬座	8.6±0.4
老人星	船底座	310±20
南门二	半人马座	4.37
大角	牧夫座	36.7±0.2
织女一	天琴座	25.04±0.07
五车二	御夫座	42.919±0.049
参宿七	猎户座	860±80
南河三	小犬座	11.46±0.05
水委一	波江座	139±3

*1光年≈9.46×10^{12}千米

年度流星雨表

名 称	附近的星座	高峰日期
象限仪流星雨	牧夫座	1月3—4日
天琴座流星雨	天琴座	4月20—22日
宝瓶座 η 流星雨	宝瓶座	5月4—6日
南宝瓶座 δ 流星雨	宝瓶座	7月28—29日
北宝瓶座 δ 流星雨	宝瓶座	8月13—14日
南宝瓶座 ι 流星雨	宝瓶座	8月6—7日
英仙座流星雨	英仙座	8月12—13日
猎户座流星雨	猎户座	10月20—22日
金牛座流星雨	金牛座	11月3—5日
狮子座流星雨	狮子座	11月17—18日
双子座流星雨	双子座	12月13—14日
小熊座流星雨	小熊座	12月22—23日

行星主要卫星表

卫星名称	所属行星	与母行星的平均距离 / 百万千米	公转周期 / 地球天	直径 / 千米
月球	地球	0.38	27.3	3 476
木卫一	木星	0.42	1.8	3 642
木卫二	木星	0.67	3.5	3 130
木卫三	木星	1.07	7	5 268
木卫四	木星	1.88	16.7	4 806
土卫三	土星	0.29	1.9	1 058
土卫四	土星	0.38	2.7	1 120
土卫五	土星	0.53	4.5	1 530
土卫六	土星	1.22	15.9	5 150
土卫八	土星	3.56	79	1 440
天卫一	天王星	0.19	2.5	1 160
天卫二	天王星	0.27	4	1 170
天卫三	天王星	0.44	8.7	1 580
天卫四	天王星	0.58	13.5	1 520
海卫一	海王星	0.35	5.9	2 706

2003—2020 年日全食表

日 期	可见到的地区
2003 年 11 月 23 日	南极洲东部
2005 年 4 月 8 日	中美洲
2006 年 3 月 29 日	亚洲中部、非洲等
2008 年 8 月 1 日	中国西部、俄罗斯、格陵兰岛等
2009 年 7 月 22 日	太平洋、中国、印度东北部等
2010 年 7 月 11 日	南美洲、太平洋
2012 年 11 月 13 日	澳大利亚、南太平洋
2015 年 3 月 20 日	北冰洋、斯瓦尔巴群岛
2016 年 3 月 9 日	印度尼西亚、太平洋
2017 年 8 月 21 日	美国
2019 年 7 月 2 日	南美洲、南太平洋
2020 年 12 月 14 日	南美洲

空间网站网址

美国国家航空航天局主页
www.nasa.gov

哈勃空间望远镜
http://hubblesite.org

奇异空间网上活动
http://amazing-space.stsci.edu

中国天文科普网
http://www.astron.ac.cn/index.htm

星系指南
http://stardate.org/resources/galxy

搜寻地外生命
www.seti.org

致　谢

The publishers would like to thank the following for their kind permission to reproduce their photographs: Abbreviations key: t=top, b=bottom, r=right, l=left, c=centre

Front title page NASA c; title page NASA: PIRL/ University of Arizona tr; Science Photo Library: BSIP CHAIX c, Celestial Image Company tc, Jack Finch cl, Jerry Schad cr; Contents Page NASA:COBE cr; SOHO & ESA cl; STScI tc, tr; 1 NASA: tr, br; 2–3 PIRL/University of Arizona c; 3 Science Photo Library: br, David Nunuk tr, Royal Observatory, Edinburgh cr; 4–5 Science Photo Library: David Nunuk; 6 Science Photo Library: Jean Loup Charmet bl; 6–7 Robert Harding Picture Library: A. Woolfitt t; 7 Science Photo Library: David Parker tr, Hale Observatories bl; NASA br; 8 Bruce Coleman Ltd: Astrofoto cr; NASA: JPL cl, U.S. Geological Survey; Science Photo Library: M-Sat Ltd tl; 9 European Southern Observatory: c; NOAO /AURA/NSF: David Talent tr, Mike Pierce (Indiana) br; The Solar And Heliospheric Observatory: ESA & NASA tl; 10 NASA: FORS Team, 8.2-meter VLT, ESO cl, The Solar And Heliospheric Observatory br; 10–11 Corbis: Richard A. Cooke t; 11 CERN: br, NASA: TRACE, Stanford-Lockheed ISR cr; 12 Science Museum bl; 12–13 NASA: cl; Science Photo Library: Kent Wood cl; 13 Corbis: cr, Tim Wright tc; 14 NASA: br;, CXC/SAO bl, CXC/SAO/HST/J. Morse/K.Davidson crb; 15 Corbis: Jonathan Blair bc; NASA: CXC/SAO/ATCA (S. white el al) br, CXC/SAO/E.Polomski, U. Florida/ CTIO cl; 16 European Southern Observatory: t; 17 Corbis: Roger Ressmeyer br; European Southern Observatory cl; NASA: Margarita Karovska (Harvard-Smithsonian Center for Astrophysics) bc; Science Photo Library: Dr Fred Espenak tl, Royal Greenwich Observatory cb; 18 Galaxy Picture Library: Howard Brown-Greaves bl, Robin Scagell bc; 18–19 Science Photo Library: Jack Finch tc; 19 Popperfoto: Paul Hackett/Reuters br; Science Photo Library: National Snow and Ice Data Center bl; 20 Galaxy Picture Library: Robin Scagell tr; 21 Science Photo Library: David Parker br; 22 Galaxy Picture Library: Robin Scagell cl; Science Photo Library: Julian Baum br; 23 NASA: br; 24 Corbis: Bettmann tr; Galaxy Picture Library: Robin Scagell cl; Science Photo Library: Celestial Image Co bc; Luke Dodd crb; 25 Science Photo Library: bl, Royal Observatory, Edinburgh br; 26 Corbis: Bojan Brecelj bl; Science Photo Library: John Sanford cr; 27 Galaxy Picture Library: Robin Scagell tl, cl; 28 NASA: tc, cb, bc; Science Photo Library: NASA cl; 28–29 Corbis: NASA b; 29 NASA: cr, clb; Science Photo Library: NASA tr; 30–31 NASA: ESA & SOHO; 32 NASA: cb, bl, 32–33 NASA: t; 33 NASA: tr; Science Photo Library: Jerry Schad br; 34 Popperfoto: Kamal Kishore/Reuters bc; 35 Galaxy Picture Library: Robin Scagell tc; Science Photo Library: br, Claus Lunau/Foci/Bonnier, Publications clb; Sheila Terry cr; 36 Science

Photo Library: Mark Garlick br; National Optical Astronomy Observatories bl. 36–37 Science Photo Library Claus Lunau/Foci/Bonnier Publications tc; 37 Natural History Museum cr; Science Photo Library: John Sanford br, Mark Garlick cl; 38 Science Photo Library: Mark Garlick cl; 40 NASA: bl, Geological Survey cl, Johnson Space Center bc; 41 Corbis: James A Sugar tl; NASA: tr, clb; 42 NASA: tl, c; Science Photo Library: David Weintraub bl; 42–43 Corbis: NASA; 43 Science Photo Library: Anthony Howarth tr; 44 Galaxy Picture Library: Bob Garner cb; Science Photo Library: br; NASA cr; 45 Science Photo Library: NASA cr, t; 46 NASA: US Geological Survey br; Science Photo Library: Detlev Van Ravenswaay cl; 47 Galaxy Picture Library: David Jewitt cl, clb; NASA: bc, U.S Geological Survey t; 48 Science: Jonathan Blair bl; Science Photo Library: Claus Lunau/Foci/Bonnier Publications cr; 49 NASA: JPL cl; Science Photo Library: Jerry Lodriguss tr; 50 Science Photo Library: cr; 50–51 Science Photo Library: A. Behrend/Eurelios; 51 The Natural History Museum, London: tr, cla, cr; Science Photo Library: David Nunuk tl, David Parker bl, br, Detlev Van Ravenswaay c; 52 NOAA: cl; Science Photo Library: John Reader bl; Peter Menzel c. 52–53 Science Photo Library: NASA c; 53 Science Museum tr; Science Photo Library: NASA c; 54–55 Galaxy Picture Library: Arne Danielsen; 56–57 NASA: 58–59 NASA: USGS; 59 Galaxy Picture Library: JPL cl; Science Photo Library: John Sanford br; 60 Science Photo Library: NASA cr; 60–61 NASA; 61 NASA: bl; Science Photo Library: John Sanford bl; 62 Science Photo Library: cr; 63 NASA: Science Photo Library: NASA tl; 64 Corbis: Bettmann br; Marie Tharp: br; 64–65 Jim Sugar Photography c; 65 Artic Images: Ljosmyndasafn RTH ehf tr; Science Photo Library: NASA ca; 66 Planet Earth Pictures bl, br; 66–67 Science Photo Library: Rev Ronald Royer tc; NASA: all planets; 68 Science Photo Library: Joe Tucciarone tr; John Heseltine bl; 68–69 NASA: bl; 69 NASA: tl, cl, cr; 70 Galaxy Picture Library: Robin Scagell br; 70–71 NASA: Photojournal; 71 NASA: Photojournal tr, c; Science Photo Library: Detlev Van Ravenswaay cr; 72–73 NASA: JPL/Caltech b; 73 NASA: JPL/Caltech: bc; NASA: tl, cla, cl, cl; Science Photo Library: Julian Baum tr; 74 NASA/John Clarke, University of Michigan bc; Galaxy Picture Library: Robin Scagell bl; 74–75 NASA c; 75 Corbis: cr; Science Photo Library: MSSSO, ANU tr; 76 NASA: br; DLR (German Aerospace Center) c;. 76–77 NASA: CICLOPS/University of Arizona (background), PIRL/University of Arizona tc; 77 Mary Evans Picture Library: br; NASA: DLR cl, PIRL/ University of Arizona cr, U.S, Geological Survey tr; 78 Science Photo Library: BSIP CHAIX br; 78–79 NASA; 79 Science Photo Library: cr, bc; 80 NASA: cr; 81 Science Photo Library: US Geological Survey tr; 82 NASA cl, br; 82–83 Corbis: NASA/ Roger Ressmeyer c; 83 Liverpool

Astronomical Society cla; NASA: tr; Science Photo Library: Mark Garlick br; 84 Corbis: Scheufler Collection cr; NASA; tr, br; Galaxy Picture Library: Lowell Observatory cl; Science Photo Library: cb; 85 Corbis: Dean Conger tr; NASA. cl (pluto), Eliot Young (SwRI) et al bc; U.S. Geological Survey cl (mercury); 86–87 Science Photo Library: Royal Observatory Edinburgh cl; 88 NASA: SOHO cl; STScI br; 89 NASA: STScI cl, br, t; 90–91 NASA: Soho; 91 Science Photo Library: Jerry Loriguss br, Professor Jay Pasachoff c; 92 NASA: Soho tr, cr, b, b (inset); 93 NASA: br; Soho tr, c (all); 94 NASA cb; 94–95 Science Photo Library: Jack Finch (background); 95 Corbis: Lowell Georgia tr; NASA: cr; Science Photo Library: bl; 96 NASA: c; Science Photo Library: Eckhard Slawik cl; 97 Science Photo Library: John Sandford bc; 98 NASA: STScI tr; Science Photo Library: David Parker cr; 100 Space Telescope Science Institute/NASA crb. 100–101 Science Photo Library: Celestial Image Co c; 101 NASA: C.R. O'Dell and S.K. Wong (Rice University) tc; K.L Luhman; G. Schneider, E. Young, G. Rieke, A.Cotera, H.Chen; M.Rieke, R.Thompson tr; Science Photo Library: Tony and Daphne Hallas cr; 102 Galaxy Picture Library: bl; NASA: tl; 103 Galaxy Picture Library: NOAO/ AURA/NSF t; Science Photo Library: Maptec International Ltd tr; 104 Science Photo Library: D. Ermakoff/ Eurelios cr; Space Telescope Institute/ NASA bl; 105 Royal Greenwich Observatory br; Jet Propulsion Laboratory bl; JPL/ University of Arizona tr; 106 Bridgeman Art Library, London / New York: Jean Loup Charmet Collection br; 106–107 Science Photo Library: Celestial Image Co c; 108 Royal Greenwich Observatory bl; NASA: Nigel Sharp (NOAO), NSF, AURA br.; Science Photo Library: Celestial Image Co tr; 109 NASA: tr; 110 NASA: bc; 111 NASA: tl; 112 Science Photo Library: bl; 113 Corbis: Dave Bartruff tr; NASA: cr; 114 NASA: cr; 115 Science Photo Library: James King Holmes br; 116–117 NASA; 118 NASA: COBE cr; Science Photo Library: Tony & Daphne Hallas bl; 119 NASA: STScI tl, tr, cr, bl; 120 NASA: STScI bc; Science Photo Library: Jerry Schad bl; NASA cr; 120–121 Mark Garlick tc; 121 Jodrell Bank Observatory, University of Manchester br; NASA: STScI tr; Science Photo Library: Max–Planck–Institut fur Radioastronomie cr; 122 A. Steere bl; NASA: J.Morse (U.Colorado), K. Davidson (U. Minnesota) et al, WFPC2, HST br; National Radio Astronomy Observatory: tr; 123 Anglo Australian Observatory: Royal Observatory, Edinburgh tr; Science Photo Library: Jean-Charles Cuillandre/Canada-France-Hawaii Telescope br; Tony & Daphne Hallas cl; 124 European Southern Observatory: br; NASA: STScI bl; NOAO/AURA/NSF; Science Photo Library: Space Telescope Science 125 NASA: STScI tl, tr, cl; NOAO/AURA/NSF: N.A Sharp cr; 126 European Southern Observatory: c; NASA: tr, STScI br; Science Photo Library: Space Telescope Science

Institute/NASA bl; 127 NASA: tl, cl, cr; CGRO tr; 128 NOAO/AURA/NSF: Bill Schoening, Vanessa Harvey/REU Program b; Science Photo Library: George East tr; 129 NASA: tl, br; NOAO/AURA/NSF: tr, Bill Schoening bl; Science Photo Library: Eckhard Slawik cr; 130 Anglo Australian Observatory: David Malin cr; NASA: S.D Van Dyk (IPAC/Caltech) et al, KPNO 2.1-m Telescope, NOAO bl; 130–131 NASA: A. Fruchter and the ERO Team (STScI, ST–ECF) t; 131 NASA: CXC/SAO c; 132–133 Science Photo Library: Yannick Mellier/IAP; 134 Science Photo Library: Chris Butler bl; 135 NASA: Richard Mushotzky (GSFC/NASA), ROSAT, ESA tr; NOAO/AURA/NSF: Gemini Observatory/ Abu Team cl; 136 NASA: tr; 137 NASA: tl, tc; 138 Corbis: Roger Ressmeyer bl; Science Photo Library: Mehau Kulyk cr; 139 Science Photo Library: tr, Patrice Loiez tl, Space Telescope Science Institute/NASA bl; 140 NASA: c; 140–141 Science Photo Library: W. Couch & R. Ellis/NASA tc; 141 ICRR (Institute for Cosmic Ray Research), The University of Tokyo tr; 142 Science Photo Library: Julian Baum cl, Mark Garlick bl; 143 Ronald Grant Archive: br; 144 Science Photo Library: David A. Hardy/PPARC cr, Victor Habbick Visions bc; 145 NASA: Rex Saffer (Villanova University) and Dave Zurek (STScI) cr; Science Photo Library: David Parker tr, Dr Seth Shostak bl; 146–147 NASA: ESA & SOHO; 148–149 NASA: 150–151 Science Photo Library: NASA.

All other images © Dorling Kindersley. For more information see; www.dkimages.com

Artworks:
Abbreviations; Tim Brown=TB; Darren Holt=DH, Robin Hunter=RH; John Kelly=JK; Martin Wilson=MW 11 c DH; 13 bc MW; 14–15 c RH; 14 tr MW; 16 bl, br RH; 22 tr TB; 34 c RH; 36–37 c RH; 36 bl RH; 37 r MW; 40 tr RH; 43 tl RH; 48 t RH, 58 tc, tr MW; 62 tr RH; 58 cl MW; 66 c DH; 67 cl, tl DH; 70c DH; 80 cl RH; 84–85 c TB; 84 bl RH; 90 bl DH; 94–95 tc JK; 97 tl, bl, br DH; 98 bl, br DH; 99 br DH; 100 bl TB; 101 br TB; 102 tl–r RH; 103 bl RH; 104 br TB; 104–105 tc TB; 106 tr RH; 107 cr RH; 110 c RH; 111 cl RH; 111 bl TB; 112 c RH; 112–113 c TB; 115 tr, bl TB; 122 c DH; 123 c DH; 127 tl–cr DH; 129 cr DH; 130 br DH; 131 cl DH; 134 c DH; 136–137 RH; 136 c RH; 137 bl DH; 142–143c JK; 143 tr JK; 144 tr–cr RH;

Dorling Kindersley would like to thank the following people for their contributions to the making of this book:
Proof reading: Caryn Jenner;
Chris Bernstein for the index;
Kate Bradshaw for hand modelling;
Alex O'Reilly for editorial assistance;
Roger Langston at King's College London, University of London, for kindly loaning scientific equipment
Credit:Dorling Kindersley:Janos Marffy